京津冀协同发展下环境信息共享的新思路与新机制

宋 梅 田文利 王胜飞 盖 斌 李铭峰 著

燕山大学出版社

·秦皇岛·

图书在版编目（CIP）数据

京津冀协同发展下环境信息共享的新思路与新机制 / 宋梅等著 . —秦皇岛： 燕山大学出版社，2021.11

ISBN 978-7-5761-0242-0

Ⅰ .①京… Ⅱ .①宋… Ⅲ .①环境信息－资源共享－研究－华北地区 Ⅳ .① X32

中国版本图书馆 CIP 数据核字（2021）第 256333 号

京津冀协同发展下环境信息共享的新思路与新机制

宋　梅 田文利 王胜飞 盖　斌 李铭峰 著

出 版 人：陈　玉		
责任编辑：王　宁	策划编辑：唐　雷	
责任印制：吴　波	封面设计：刘　帆　刘韦希	
出版发行： 燕山大学出版社 YANSHAN UNIVERSITY PRESS	电　话：0335-8387555	
地　　址：河北省秦皇岛市河北大街西段 438 号	邮政编码：066004	
印　　刷：英格拉姆印刷(固安)有限公司	经　销：全国新华书店	

开　本：170mm×240mm　1/16	印　张：14.25	
版　次：2021 年 11 月第 1 版	印　次：2021 年 11 月第 1 次印刷	
书　号：ISBN 978-7-5761-0242-0	字　数：240 千字	
定　价：62.00 元		

这本书写给未来的你，希望你享有一个美丽的自然环境；
这本书写给未来的中国人民，用勤劳再现绿水青山的苍翠！

相信未来的中国，山青、水绿、人更美；
相信未来的世界，和平、繁荣、幸福、智慧！

——题记

前　言

　　京津冀的发展既是我国改革开放的缩影，也是我国生态环境保护战略的重要一环。环境信息共享平台既是京津冀协同建设的起点，也是一个撬动京津冀一体化发展的重要支点。我们在依法治国的背景下探寻京津冀发展的新格局，揭示了当前京津冀发展模式的诸多问题，提出了新的一体化的发展思路，即从法律的角度提出以《京津冀区域一体化建设法》作为解决京津冀区域一体化问题的总体制度框架。该法为京津冀区域一体化的实现建构了一个组织，并为这个组织配备了一套权力体系，以及工作推进机制、项目运行机制和矛盾解决机制，为实现京津冀一体化搭建了一个制度化的平台。从人类命运共同体的视角来看，京津冀的发展模式好像一个缩小版的人类命运共同体的实践模型，京津冀的差异从某种程度上代表了世界各国之间的差异，京津冀的一体化如果能够顺利实现，人类命运共同体的实现就是可以期待的。为此，我们需要探索京津冀之间的一种程序性的决策沟通机制，并以此作为建设人类命运共同体的成功经验。

　　从世界信息技术的发展来看，大数据、人工智能、移动通信、云计算及区块链等新兴科技一出现便迅速被采用，成为我国政府治理的手段和方式。在这样的背景下，环境信息平台便自然成为环境信息共享交流、统计存储、分析预判的实体媒介和操作平台。但值得注意的是，现有的技术条件还不足以支撑一个环境信息平台，为此，环境信息共享平台必须要在国家伦理、国家价值观、国家行为、国家责任的理论根基上建构，在伦理维度、法律维度、技术维度的三维空间里塑造。而对于生态环境的恢复和保护，则要以自然原生态和社会生态作为基本划分类型，在自然生态的保护过程中，尊重自然规律，顺应自然规律；在社会生态的治理和发展过程中，尽量减少对环境的破坏和毁灭式的开发，改变奢侈浪费的发展模式。借由环境信息共享平台提供的普法宣教、培训学习、监控管理等多种功能，管理好整个生态圈，从而使人类命运共同体从一个政治理念变成一个可期待的现实模式。

　　借助环境信息平台的建设，可以实现自然资源和生态环境的保护与恢复。按照环境信息平台的内容和功能的不同，可以建构两种环境信息平台：一是自然状态下国家保护地的环境信息平台，二是社会状态下城市乡村的环境信息平台。这两种不同类别的信息平台已经不单单具有信息公开、宣传法律、科普教育、公众参与的法律及伦理功能，而是可以成为政府的日常管理平台，具有了服务引导、监督治理、协调动员等多项操作功能。我国目前自然保护地的建设重点在于如何使管理主体具有管理权力、拥有合法身份、依据法律规范实施科学有效的管理。固体废物制度虽然是一项看似不那么重要的法律制度，但这项法律制度却关系我们整个生态环境的质量。固体垃圾的处理机制不科学会导致土壤污染、水源污染、大气污染、循环污染等。为此，我们特别提供了一套完整的固体垃圾处理法案。我们相信，如果这部法律能够得以实行，未来的中国一定是山青、水绿、人更美的国家。这是一部特别有创新意义的综合性立法，通过改变一个行为、一个政策，达到建设一个新产业，形成一种新秩序，"一法治三污、一法保三洁"的理想效果。

目　　录

第 1 章　生态环境危机的挑战与应对

2020 年，新冠肺炎疫情、蝗虫、大火、水灾、冰川融化、海平面升高……生态危机以前所未有的速度和规模袭来。

环顾世界，国与国、民与民互相指责，互相攻击，自然生态危机导致社会生态危机，国际关系也危机频发。这个世界似乎缺少一种解决问题的有效机制。

在巨大的灾难面前，是选择毁灭还是悔改？ 2019 年 9 月 23 日，在联合国气候行动峰会开幕式上，联合国秘书长古特雷斯呼吁：在气候危机将人类终结之前将其停止。目前，我们能做的是尽快建立一个有效的机制——人类命运共同体。在这个共同体的机制下，所有国家、所有人民共同行动，尊重自然规律，彻底改变错误的生活方式，建构新的法律规范，以新的生态环境信息平台为基点，共同建设生态环境，恢复地球的美丽与清新。

人类命运共同体的建构，在理论上需要四个支柱：一是国家伦理，二是国家价值观，三是国家行为，四是国家责任。在这四个支柱的基础上，将国家治理领域内的生态环境划分为两类：一类是自然生态环境，另一类是社会生态环境。根据这两类不同的生态环境的特点，采用不同的治理方法：在自然生态环境的治理中，尊重原生态的自然之律，护之、养之；在人类居住的环境里，尊重生态规律，遵之、顺之。总体思路就是按照这两类生态环境的具体要求，制定出两类保护生态环境的法律规范形式，以示范法的形式对各个国家的生态治理给予示范引导。同时，利用现代科学技术建立国际环境信息平台，发布环境信息，进行生态教育，公布环境破坏案例，号召各国人民参与全方位监督，实现全球生态的智慧化、现代化管理。

1.1 生态危机的大爆发 ①

2019 年 9 月 23 日，在联合国气候行动峰会开幕式上，联合国秘书长古特雷斯呼吁：在气候危机将人类终结之前将其停止。话音未落，2020 年，新冠肺炎疫情、大火、蝗灾、水灾便接踵而至，整个世界进入全面生态危机之中。

全球性生态危机，是指由于人类活动导致生态环境问题从局部地区向全球扩散，并最终造成生态系统的结构和功能的整体性破坏，从而威胁整个人类的生存和发展的一系列问题的总称 ②。习近平总书记指出，中国将按照尊重自然、顺应自然、保护自然的理念，贯彻节约资源和保护环境的基本国策，更加自觉地推动绿色发展、循环发展、低碳发展，把生态文明建设融入经济建设、政治建设、文化建设、社会建设的各方面和全过程，形成节约资源、保护环境的空间格局、产业结构、生产方式、生活方式，为子孙后代留下天蓝、地绿、水清的生产生活环境 ③。这是我们在新的起点进行中国特色社会主义生态文明建设的目标和方向，不仅对于解决我国生态环境问题和进行生态文明建设具有重要的意义，而且对于解决全球性生态危机和构建新型生态文明具有重要的参考价值。

1.1.1 生态危机的事实

（一）地球变暖已经拉响警报

据 2020 年 2 月 25 日报道，新西兰的一份科学报告指出，新西兰东部一片 100 万平方千米的海域出现了异常升温，平均温度上升了 5.5℃。这对一些敏感的海洋生物而言是致命的威胁，在新西兰有超过 50 万只贝类生物死在沙滩上，显然与气候变化问题有关。与此同时，在南极地区，科学家首次测得了超过 20℃ 的气温，打破了历史纪录。而气温升高导致大量冰川融化，藏在冻土和冰川下的甲烷气体释放出来，美国国家航空航天局（NASA）在北极地区发现了

---

① 郭霄鹏，刘芸.世界正面临严重气候危机 [J].生态经济，2020（1）：1-4.
② 任铃.论全球性生态危机的根源和出路 [J].马克思主义研究，2016（9）：28-34.
③ 习近平.习近平谈治国理政（第一卷）[M].北京：外文出版社，2014：211-212.

200 万个甲烷释放点[①]。

世界气象组织（WMO）发布的报告显示：2015—2019 年，全球平均气温较工业化前升高了 1.1℃，气候变暖的程度远超 10 年前的预测和评估，全球变暖正在加速，创纪录的温室气体排放量正将全球温度推向越来越危险的水平。而全球气候变暖的直接后果就是极端天气在全球各地频发。

根据 2019 年 WMO 发布的《2018 年全球气候状况声明》：2015—2018 年是自有气温记录以来最热的四年，其中 2015—2016 年遭遇了 21 世纪以来最强的厄尔尼诺现象，全球台风和雨带异常，直接导致了多起超强台风侵袭事件的发生。2015 年 10 月 4 日登陆我国广东省湛江市的第 22 号超强台风"彩虹"，是 1949 年 10 月份以来登陆我国的最强台风，导致 18 人死亡、4 人失踪，直接经济损失 232.4 亿元。2016 年 9 月 15 日登陆我国福建省厦门市的第 14 号超强台风"莫兰蒂"，被认定为 2016 年全球海域最强风暴，也是新中国成立以来登陆福建省的最强台风，导致 30 人死亡、18 人失踪，受灾最为严重的闽浙等省份直接经济损失达 210.73 亿元。

（二）自然灾难频繁引发社会危机

2020 年，随着全球气候变暖，各种自然灾害频发。继 2019 年亚马孙热带雨林大火之后，澳大利亚也经历了长达 5 个月的大火，由于持续的高温天气和澳洲政府重视不足，澳洲大火最终走向失控，烧焦了超过 1170 万公顷的土地，导致 10 亿野生动物丧生火海，累计释放了约 4 亿吨二氧化碳。尽管澳洲大火已经熄灭，但专家却警告称这仅仅是噩梦的开始。

极端天气体现了全球热量平衡的改变，进一步引发了全球温度和降水的异常，给世界各地的农业生产、自然生态、社会经济活动带来负面影响，对人类的身心健康也产生了消极影响，其影响还包括缓慢但影响巨大的冰川消融、海平面上升等，这些都给人类的生存和发展带来了不利的影响。极端天气有多种表现形式，引发了大量次生灾害，如高温、台风、洪水、泥石流、山体滑坡、干旱、森林火灾、极端寒潮等。这些灾害除在暴发时直接导致人员和财产损失

[①] 谢景行.澳洲大火熄灭后，新西兰海水升温，南极也有异样，专家发出预警 [EB/OL].（2020-05-05）[2020-10-21].https://www.360kuai.com/pc/9b733709c136b5936？cota=3&kuai_so=1&sign=360_57c3bbd1&refer_scene=so_1.

之外，还会导致与气候联系紧密的农业生产遭受巨大损失，甚至引发粮食危机。气温和降水的异常改变以及极端气候事件使得全球范围内的粮食生产率出现明显下降，并显著降低了农业作物单产、种植面积以及种植强度。艾格农业《中国粮食市场周报》的统计数据显示，全球谷物产量自 2011 年以来一直呈下降趋势，2016—2018 年呈现猛烈下降趋势，与之相反的是，全球谷物消费则呈现出逐年上升的趋势，由此导致的粮食危机越来越严重。在相关的粮食统计的基础上，对 1961—2014 年的农作物单产波动进行分析发现，谷物类作物在生长季对日间 30℃左右的极端高温反应敏感，会导致单产下降，其中高温和干旱对玉米、大豆和小麦的单产影响最大。在对谷物类作物单产波动进行原因分析时发现，有 32% ～ 39% 的谷物类单产波动是由气候因素引发的。2018 年受极端天气影响，瑞典、芬兰、德国、俄罗斯南部等地严重干旱，谷物收成下降明显；而欧洲南部却遭遇连续暴雨，粮食品质下降明显，导致全球大宗商品贸易中谷物类价格一个月内飙升了 25%。气候变化不仅仅威胁农业生产和粮食安全，更从根本上影响到了植物赖以生存的基础——土地。联合国政府间气候变化专门委员会于 2019 年 8 月发布的《气候变化与土地特别报告》显示，人口的过快增长，以及人类过度放牧、砍伐森林等对土地的非可持续利用，使得土地正承受着巨大压力，而气候变化和极端天气则加剧了这种压力。气候变化、降水增多、洪涝灾害频发、干旱高温、海平面上升、冻土融化等都可能加剧水土流失、土地荒漠化和退化，最终将进一步影响农业生产，加剧粮食危机。

（三）挽救气候变化的国际公约却遭遇抵制

为应对全球气候变化，1992 年 5 月，150 多个缔约方在联合国主导下签署了《联合国气候变化框架公约》，确立了控制大气中温室气体浓度至稳定水平的目标，并提出了发达国家和发展中国家在减排行动中"共同但有区别的责任"原则。1997 年进一步通过了《联合国气候变化框架公约》的补充条款——《京都议定书》，这是人类有史以来第一次以法律的形式对温室气体排放作出了限定，它规定发达国家和发展中国家分别从 2005 年和 2012 年开始履行减少碳排放量的义务，但遗憾的是，美国和加拿大先后退出了该协议。经过艰难的气候谈判，2015 年 12 月，全球 200 多个国家又在联合国巴黎气候变化大会上通过了《巴黎协定》，这是继《京都议定书》后第二份具有法律约束力的全球气候协定，它为 2020 年后全球共同应对气候变化作出了明确安排。《巴黎协定》一方面充分体现了联合国框架下各方的诉求，继续体现不同国家间"共同但有区别的责任"，继续维持公平性原则，另一方面也设计了完整、公开、透明的执行运作机制，包括国家自主贡献机制、资金机制、可持续机制，最后确立了减排目标："只进不退"的评估约束机制和对话机制，保证了协定的长期性。《巴黎协定》提出的气候治理目标：将全球平均气温上升幅较工业化前水平控制在显著低于 2℃的水平，并向升温较工业化前水平控制在 1.5℃努力。

东英吉利大学和詹姆斯库克大学的科学家们认为，如果《巴黎协定》能够在 21 世纪末最终实现，会对生物多样性以及物种发展有极其重要的意义。但是随着世界第一大经济体、人均碳排放量最高的美国退出《巴黎协定》，全球气候治理又蒙上了一层阴影。与美国不同，《联合国气候变化框架公约》秘书处原执行秘书埃斯皮诺萨称中国是《巴黎协定》履约的领军者。截至 2017 年年底，我国已经提前完成了原定于 2020 年完成的降低碳强度和提升森林蓄积量目标。2018 年，我国可再生能源占一次能源消费总量比重已达 14.3%，能轻松完成 2020 年 15% 的目标。

1.1.2 生态危机原因的科学探索

关于全球变暖有两个重大质疑：第一，公众的质疑。普通百姓漫不经心地问：这种"变暖"是真实存在的吗？第二，专家的质疑。这种质疑出自专家群体，要求必须提供科学数据。生态危机是自然原因还是人类活动引起的？

（一）2000 位科学家的报告

对于第一种质疑，已经无须回答，近十多年，公众已逐渐对变暖的真实性形成共识。虽然如此，绝大多数人还是有条不紊地过着舒服的日子，仍处于麻木状态。巴西总统博索纳罗就是一位气候变化怀疑论者，他甚至淡化了 2019 年 5—10 月席卷亚马孙热带雨林的大火，因而遭到了国际社会的严厉批评。对于第二种质疑，美国国家科学院给出的结论是，过去 50 年所观察到的绝大多数变暖现象很可能是由于日益增强的温室气体浓度引起的。1988 年，WMO 和联合国环境规划署（UNEP）联合发起成立了一个政府间气候变化专门委员会（IPCC），用以评估气象科学的现状，以作为政策行动的依据。IPCC 代表 100 多个国家汇总 2000 位科学家的意见，在 1990 年、1995 年、2001 年、2007 年、

2013 年进行了五次评估，2007 年发表了第四份气候变化评估报告，结论是全球气候变化有超过 90% 的可能性是由人类活动造成的。2013 年的第五份评估报告更是明确指出气候恶化的加剧趋势："在过去的十年中，阿拉斯加的大部分冰川冰，加拿大北极地区、格陵兰冰盖的边缘、安第斯山脉南部和亚洲山脉上的冰在消失。"[①] 冰川融化带来的直接结果就是冻土的裸露、深层古生物尸体细菌的漂移，以及多处甲烷气体的释放。2020 年以来，新冠肺炎疫情的蔓延、澳大利亚的大火、亚马孙热带雨林的大火，也可能与上述的气候恶化有关。

（二）炙热的大火是否就是地球的结局

在茫茫宇宙中，目前，地球可以说是一个绝无仅有的"伊甸园"。它与太阳、月亮及几大行星的距离都刚刚好，自转和公转形成了我们一天 24 小时和一年 365 天。在这颗蓝色的星球上，陆地、海洋、森林、冰川的比例非常完美，都是造物主测算好的。二氧化碳在大气中占 0.03%，甲烷只占 0.0001%，刚好提供了人类所需的温室效应，若没有这些气体，地球上的温度将降至 0℃ 以下。在 1750 年之前，这些气体的浓度一直是稳定的，但由于工业革命，200 多年来二氧化碳的浓度剧增了 36%，甲烷的浓度更是猛升了 3 倍！其后果就是全球变暖和气候恶化。

为了进一步说明二氧化碳和甲烷浓度增大可能带来巨大灾难，让我们来看两个惊人的发现。离地球最近的金星的大气压比地球高 90 倍，大气中 98% 是二氧化碳。20 多次宇宙飞船观测发现，金星大气上层漂浮着几十千米厚的黄色硫酸云，飞快地绕着金星运动。在云层下面直到陆地，几乎没有水，风也很小。极端的温室效应使金星表面温度高达 470℃！25 亿年前，即二叠纪末三叠纪初时，地球上有过一次大规模的生物灭绝，90% 以上的海洋生物和 70% 的陆栖生物都灭绝了。过去曾以为这和恐龙灭绝的原因相似，也是由小行星的撞击引起的。1990 年以来，中、英两国科学家联合对中国浙江长兴煤山剖面进行研究，这里有记录那次大灭绝的最完整的化石层。根据研究结果，从而肯定这次大灭绝呈现多阶段特点（时间跨度达 5 万～ 10 万年之久），主要原因可以锁定在地球内部。狄更斯（G. Dickens）于 1995 年提出的甲烷"打嗝"（methane burp）

---

① 倪光炯 .21 世纪人类面临的气候危机 [J]. 科学：上海，2007，59（3）：18-21.

理论能较好地对此进行解释。甲烷目前在空气中的含量很少，大量的甲烷以冰状固态的水合物（Methane Hydrates）形式被压在冷而高压的海洋底部。一旦全球变暖，海洋温度上升到足够高，水合物便会融解而突然释放出大量甲烷气体，无数气泡冒出海面，像海洋"打嗝"那样，在短期内进一步加速全球变暖。煤山化石显示，当时全球温度上升了 6℃，使全球生态系统崩溃，造成绝大多数物种灭绝。此后 50 万年内，在异常残酷的环境下，只有极少数低等生物仍存活。直到 2000 万～3000 万年后，地球生态系统才慢慢恢复过来。

5500 万年前，还有过一个古新世的极高温期，那时热带温度上升近 6℃，而两极地区更剧增了 8℃以上，导致又一次生物大灭绝。许多科学家相信，这也是由于甲烷水合物融解引起的。

虽然各种理论观点不一，但学术界已达成了共识：第一，甲烷对导致温室效应失控的严重威胁在过去大大被低估了。虽然地球上的大量甲烷还被压在海洋底下，但西伯利亚西部的永久冻土层开始融化，少量甲烷已释放出来，其在地表附近的浓度已超过高空浓度的 25 倍，因此使该地区成为全球变暖最严重的"热点"（在过去 40 年内上升了 3℃）。类似地，我国学者指出，2006 年四川和重庆地区反常高温干旱，也很可能是由于局部甲烷浓度过高引起的。第二，在各次灭绝发生时，地球大气中二氧化碳浓度都达到峰值，约 1000 毫升 / 米³，并持续几十万年之久[1]。现在二氧化碳浓度为 385 毫升 / 米³，且以每年 2～3 毫升 / 米³ 的速率上升，由此推算，约 200 年后就可能逼近 900 毫升 / 米³，即相当于古新世灭绝时的水平了。

1.2 生态危机呼唤人类命运共同体

2019 年 11 月 5 日，来自全球 150 多个国家的 11000 多位科学家在《生物科学》（Bio Science）杂志上发出警告：全球正面临气候危机，如果人类不改变自身的生活方式，未来将承受"无尽的难以言喻的痛苦"。气候危机已然来临，全球各国必须以"人类命运共同体"的可持续发展观、共同利益观和全球治理观，以"前所未有"的勇气和行动共同应对气候变化。

---

[1] Ward D Peter. Impact From the Deep[J]. Scientific American，2006，295（4）：64-71.

1.2.1 人类命运共同体的由来

近年来，随着全球经济的日益发展，世界各国合作越发紧密，取得一系列成效。但同时凸显出世界经济增长动能不足、全球贫富差距显著、地区"热点"频发、非传统安全威胁日益加剧等问题，浮现出全球治理供需失衡、发展缺位、制度僵化等现象。对于全球治理面临的种种困境，旧的全球治理体系和治理模式已无法适应新形势的变化和发展，如何有效缓解全球性问题带来的挑战成为现阶段全球治理的首要任务。

在这种背景下，习近平总书记审视国内外发展条件，顺应时代发展趋势，提出了构建蕴含全人类共同价值观的人类命运共同体思想，主张建设一个持久和平、普遍安全、共同繁荣、开放包容、清洁美丽的世界。构建人类命运共同体思想以全人类的共同利益为出发点，超越西方以自我为中心的全球治理理念，推动全球治理理念从强权政治迈向包容共生，推动全球治理机制从权力中心迈向公正合理，推动全球治理主体从等级霸权迈向平等参与，推动全球治理客体从单一维度迈向复合多元，推动全球治理价值从争权夺利迈向命运与共。在构建人类命运共同体思想的指引下，中国外交实践聚焦于全球治理的现实问题，在经济、安全、生态、网络等不同领域提供全球治理公共产品，积极倡导建设"一带一路"，以中国方案调节全球治理供需失衡，缓解全球治理民主赤字，填补全球治理发展缺位。

习近平总书记提出的以实践为基础的人类命运共同体理念在世界上获得普遍认同，"人类命运共同体"已经成为国际外交领域的关键词，人们期待中国在人类命运共同体的构建方面有更深入的研究和更有力的作为。

（一）何以人类命运共同体？

自从地球上有人类以来，1088亿人先后来到同一个地球生活。不论国家是大是小、是强是弱，都分布在这颗星球之上，人类大家庭也不论何种肤色、何种语言，都有着相似的外貌和心灵特征。随着现代科技、新式交通工具的使用，东西南北，一个昼夜就可以到达，地球已经成为一个十足的"地球村"，每一个人都是这个村的村民。因此，通海、通商、通航、通话、物流、人流、资金流、信息流，早已跨越民族、国界而汇聚一起，共居一处，已经是不争的事实。休戚与共、同居共享就是必然的选择。

（二）为何要提出人类命运共同体的概念？

回首人类发展历史，并不存在人类命运共同体这样的情形，因而，人类的文明史实际上是人类的战争史。有人作过一个统计：在 19 世纪以前的 3300 多年间，人类只有 200 多年和平的日子；换句话说，每一次和平过后，就有 13 年的战争。20 世纪前半叶，人类破天荒地打起了世界大战。第一次世界大战死亡 1000 万人，第二次世界大战死亡 5000 万人。所有这些战事都是被不同类型的国家冠之以正义之名。所有被士兵们杀害的人，绝大部分也没有犯下该死的罪行。然而，在以国家为仇敌的战争模式下，士兵必须勇敢杀敌，他们的敌人也必须奋勇抵抗。如果把各个国家所掌握的核武器的当量计算在一起，其能量足以将地球毁灭几百次，而整个世界就是在这样的模式下延续至今。因此可以说，在这样一个非共同体的模式下出现惨剧是不可避免的。

1. 非共同体模式决定战争状态的必然性

从人类历史来看，所有的战争都发生在对立的双方之间，双方彼此之间是独立平等的关系，你是你，我是我，彼此之间并不具有类似家庭一样的共同体的身份。因而，在这样的格局下，"你死我活"、利益拼杀，竞争、斗争甚至战争就是国与国、民与民之间的常态。随着主体的地位分立，利益也就成为主体的权力附属品，因而物质产品、科学技术、自然资源都成为主体所有权项下的支配客体或者附属物。而"身份＋所有权"的模式又用具有强制效力的法律规范予以确认。这样的法律所确立的模式决定这样的一种结果，即凡物皆有所属，不论是私人所有、集体所有还是全民所有。因此，在这样非共同体的模式下，战场也就扩大到政治、经济、科技等不同的领域，战争只不过是竞争和纷争的升级和扩大。

2. 非共同体模式决定国家之间无均衡发展的可能性

在因主体分立而造成的主体差异的格局里，国家的发展不可能达到均衡，不论人类早期对资源的依赖，还是近现代对资源的利用，都因各个国家之间的制度差异而产生巨大差别。特别是在近现代国家的发展模式下，各个主权国家纷纷将资源压力、污染压力转移给别国，而把资本优势、技术优势掌控在自己手中。这样，发达国家与不发达国家的发展愈加不均衡。一个个不完整的经济模块像一片片破碎玻璃，使得各个国家之间纷争不断、流血不止。

（三）人类命运共同体能帮助我们做什么？

1. 命运共同体可以消除战争、捍卫和平

由于各个主权国家之间的利益争夺，爆发了两次世界大战。战后，饱受战乱之苦的国家联合起来，成立了一个旨在消除战争的国际组织——联合国。联合国总部前面的《铸剑为犁》的雕塑彰显了人类对战争的厌倦和对永久和平的期待。1945 年通过的《联合国宪章》第一条即规定了联合国的宗旨及原则："维持国际和平及安全；并为此目的：采取有效集体办法，以防止且消除对于和平之威胁，制止侵略行为或其他和平之破坏；并以和平方法且依正义及国际法之原则，调整或解决足以破坏和平之国际争端或情势。"联合国的模式是对主权国家之间利益斗争模式的否定和克服，强调以和平的方式解决国际争端。虽然联合国的模式在整体上大大改变了国际社会的秩序，但从根本上讲，联合国的模式只是改变了主权国家之间解决争端的方式和方法，并没有改变主权国家因独立而具有的主体地位的基本模式。在理论上，人类命运共同体则是对联合国现有模式的全面升级，即将每个成员单位纳入一个共同的体系，就如同一个身体一样，彼此之间成为互相补充的肢体，各自担负共同体的不同的功能，相容同在，和平共处。因此，这样一体的新模式就可以从根本上消除战争。尽管这样的设计有点过于大胆，甚至有点异想天开，但理论上是可以成立的，而且实践上也并非没有实现的可能性。从 20 世纪欧盟的历史过程来看，从某种程度上讲，就是命运共同体模式的艰辛探索。欧盟模式的成就在于：在主权国家之间，在某些领域里实现了一定程度的一体化。

2. 命运共同体可以修复生态、保护资源

独立主权国家的模式使得各个主权国家只能把本国利益奉为至高，因此，国家之间的交往伦理只能停留在"各人自扫门前雪，不顾他人瓦上霜"的现实主义的自私模式。因而孔子的"己欲立而立人，己欲达而达人"的金律规则在国家主权的框架里不具可操作性。因此，亚马孙热带雨林的砍伐是欧洲富豪购买木材的消费行为所致，而太平洋里的鲨鱼濒危则是由于中国人爱吃鱼翅所致。可见，所有这些以损害自然生态为代价的消费模式，在当前"独立主体＋所有权"的模式下是无解的，因而可以想见，自然生态的破坏只会愈演愈烈。所以我们认为，只有改变这种以所有权为基础的结构模式，生态环境的恢复才是可以期待的。

1.2.2 人类命运共同体的概念

综上所述，我们认为，人类命运共同体是以人类为合一的整体，将世界上每一个人、每一个组织及每一个国家都纳入其中，并共同构成的一个和谐美好的共同联合体的制度机制。人类命运共同体存在的基础是所有生物共存于同一地球的基本事实。人类命运共同体以对大自然所担当的生态治理和社会治理的神圣责任为终极使命，其宗旨是为人类共同美好生活之必要设立一套完整的制度机制，约束个人、组织及国家的不良行为，以防止灾害、祸患的发生。人类命运共同体以时空共在、资源共有、成果共享、风险共担的原则，作为处理人与人之间、组织与组织之间及国与国之间的关系的伦理，并尽最大努力延续这一共同体的共同理想，使我们的后裔可以永远和平地生活在这个美丽的地球上。这一概念有如下要点：

（一）主体全面性

在人类命运共同体的概念中，由于包括了所有的人、所有的组织和所有的国家，因而可以说，这是地球上有史以来人类历史上最大的一个概念。

（二）体系和睦性

由于人类命运共同体是一个由所有人构成的体系，各主体之间不是竞争关系，而是互相补充、互相支持、互为肢体的关系，因此，整个共同体的状态是彼此相容、彼此和睦的关系。

（三）责任神圣性

不论我们是否相信这个世界的起点有多么奇妙，也不论我们认为人类的知识多么有限，人类生来就存在于这样一个奇妙的大自然中，而且深深地影响着整个地球的生态环境。这是一个我们可以用眼睛观察到的事实。因此，整个人类对于自然环境就有神圣的使命。命运共同体的宗旨是为实现人类共同美好生活的理想设立一套完整的制度机制，用这套机制去约束个人、组织及国家的不良行为，以防止灾害、祸患的发生，保证这个美丽世界的无限延续。

（四）规范统一性

在人类命运共同体内，就如同一个人的身体、一个自然界一样，各个部分是按照一套规则来运行的，在同一个体系之内，不能同时存在两套以上不同的规则。因此，这一套规范具有统一性。

（五）事实客观性

人类命运共同体并不是一个虚幻的理念，而是一个客观事实，而且是一套完整的制度体系。人类命运共同体的体系也必须以这一客观事实为基础才能建立。

1.2.3 人类命运共同体的理论架构

人类命运共同体以国家为首要主体，由国家统筹治理其管辖范围之内的公民主体、企业主体及其他组织主体。建构人类命运共同体的整体架构，需要有以下四个主要基础性理论支柱。

（一）支柱之一：国家伦理

1. 何为国家伦理？

国家伦理，是指一个国家作为一个现实存在的实体所应当遵循的伦理规范。国家伦理的目的在于使国家成为一个有德性的主体。国家伦理的主体是一个现实的国家，包括一个国家的整体及其组成部分都应当遵循的道德准则。具体来说，国家伦理是国家作为一个主体对其全体国民及其他国家和整个国际社会所承担的道德责任和伦理关怀。国家伦理包括两个维度：第一维度是作为对内享有主权的国家对其所属公民、组织的维度，国家伦理是国家与公民发生相互关系时国家所应当遵循的道德规范。对自己本国的国民而言，国家应当具有保障自由、为人民服务、公平正义、自由民主、宽容和谐、和平稳定、共同富裕等道德属性。第二维度是作为对外享有主权的国家对其他国家及其国民的维度，国家伦理是国家与国家及其公民发生相互关系时应当遵循的道德规范。对于他国而言，国家之间应当和平共处，不以武力相威胁，彼此尊重主权，承担共同责任，对待他国公民应当具有保障安全、平等关怀等道德属性。

2. 因何要用国家伦理？

国家伦理有两个维度：第一个是国内维度，这个维度的国家伦理的理论价值主要是可以作为建造法律体系的基石；第二个是国际维度，这个维度的国家伦理的理论价值主要是作为国家间交往的行为规范。

首先，就第一个维度而言，国家伦理是法律体系的基石。

一个国家的法律体系，往往是一个国家整体意志的最终决断。法律追求的目标是正义，倘若以是否能够实现正义为标准来判断法律的善恶的话，这个举动本身就说明道德在逻辑上就已经先在于法律了。如果将法律体系作为一个大厦，那么这个大厦的基础就是道德，法律也正是在道德的基础上才得以稳固的。这一点正如彼彻特所言，因为法律常常以一定的道德信念为基础——所以法律能够使道德上已经具有最大的社会重要性的东西形成条文和典章。法律反对盗窃、谋杀和歧视，正是建立在关于勿盗窃、勿残杀、平等待人的道德信仰的基础上的。所以，法律学家把这些信仰列入法律的范围是由于它们具有最高的社会重要性。

横向上来看，立法行为、执法行为和司法行为都是国家行为的具体表现形式，这些行为的内在意志并不是公务员的个人意志，而是国家的公共意志。在国家权力的运行过程中，如果没有一个统一的指令系统，这些行为就会是随机、偶然的。同样，一个国家如果没有内在的意志追求，它的政府也就无须对自己的行为负责任。这一点黑格尔早就看到了，他认为，国家的目的在于为公民谋取幸福，这当然是正确的。如果一切对他们说来不妙，他们的主观目的得不到满足，又如果他们看不到国家本身是这种满足的中介，那么国家就会站不住脚的。纵向而言，任何一个国家的历史、现在和未来，都紧紧围绕着国家的整体意志，每一次制度改革都意味着国家内在意志的重大调整或转变。这些转变往往集中反映了一个国家价值观方面的巨大变动。这一点屡次被现实验证。中国历史上"伐无道，诛暴秦""等贵贱，均贫富"的口号反映出当时人民对于统治集团的否定性道德评价，同时也反映出起义者的伦理主张。西周在灭掉商朝之后所确立的"制度典礼"均是"道德之器械"，也就是"本于德而治于礼"。历史反复证明，在这些口号之后，紧跟着的就是旧王朝的覆灭和新王朝的确立，新的王朝确立之后的第一件事就是制定新的法律制度，而融于这些制度之中的就是国家缔造者在当初所提出的国家目的、国家伦理的道德观念。

其次，就第二个维度而言，国家伦理是国际交往的准则。

自国家产生之后，国家的功能便处于不断变迁之中。国家的角色从一个"守夜人"发展到公民福祉的"促进者"。在国家所有的管理行为背后，有一个相对确定的、具有持续性、一贯性的国家意志的存在。黑格尔曾这样揭示行为与主体意志之间的有机关联：主体就等于他的一连串的行为。如果这些行为是一连串无价值的作品，那么他的意志的主观性也同样是无价值的；反之，如果他的一连串的行为是具有实体性质的，那么个人的内部意志也是具有实体性质的。显然，黑格尔想强调的就是内在意志与外在行为的不可分割性。由此，以意志与行为的连贯性来看，国家行为之后必然是国家的意志。在这个主观化的意志世界里，显然难以排除价值、道德的因素。黑格尔甚至将国家描绘成一个绝对的理念，认为国家具有一个生动活泼的灵魂，使一切振奋的这个灵魂就是主观性。它制造差别，但另一方面又把它们结合在统一中。

　　这里需要指出的是，国家的意志与个人的意志根本不同。这一重大的差别在于人的道德观念是自然而然、与生俱来的，人的伦理属性是借由一个天然的生命个体的语言、行为来表现的，而国家则是在无数个生命个体的基础之上，通过特定的组织程序而产生的一个抽象的实体。国家的道德属性并不像人的道德属性一样天然地存在，而是被人为地设定的。如果我们在设立国家的时候不对国家进行道德属性的设定，那么国家本身的存在很可能与道德无关。这样的疏忽常常引起诸多的可怕后果：首先，如果国家没有道德属性，它就无须遵守道德规范，这样国家的行为就会很随意，因为无论国家做了什么，它都不必负任何道德责任；其次，如果国家没有道德属性，那么国家又何以对公民进行道德干预呢？一个不具道德性的主体要干预另一个主体的道德生活不是很荒唐的事吗？最后，如果国家没有道德属性，那么在国际社会中，国家与国家又如何打交道呢？倘若一个国家侵犯了另一个国家的领土或主权，这个国家如何指责、如何评价那个不负责任的国家呢？波普尔在其《开放的社会及其敌人》《历史决定论的贫困》等著作中反对国家对道德的干预，认为国家是个人自由的消极保护者，提供有利条件，但却不能把国家说成道德、伦理的化身，即由国家负责指导人们的道德生活。这种国家道德只能导致极权主义，因而它绝不能干预公民的道德生活。波普尔所担心的正是国家在缺少伦理属性、没有道德约束的前提下反而去干预公民道德，可想而知，国家在自己不受道德约束的情况下，却去强行推行某种道德，其结果会是何等不堪。由此可见，与国家行为的现实存在相一致的是，国家行为的效果必然要受到公众的评判，国家的行为不论是善是恶，终究难逃一审。而公众所依据的就是国家所应尽的"本分"，试想，如果国家不是一个应当在道德上负责的实体，对其行为进行评价又有何鞭策的意义呢？

综上可见，国家的道德属性是确切存在的，只要一个国家是以主体的形式存在，它就必须要受道德的约束。因为只要这个国家有它的决策或评价体系，有它的行为系统，以及对其各种行为后果的处理，这个国家就必须受道德规范的约束。只要这个国家需要与它的国民进行交往，它本身的行为必定受一定的道德规范支配。只要国家具备法律制度体系，这个制度体系就不会违背这个国家的基本道德。因此，国家伦理的存在并不是问题，而什么样的国家伦理才是问题。

（二）支柱之二：国家价值观

1. 何为国家价值观？

国家价值观是国家作为评价主体和价值主体，对所拥有的价值客体对自身价值目标之满足作用程度所持有的总的观念体系。

在现实世界，国家价值观与公民个人价值观是相对立统一的一对基本的价值范畴。在这一对范畴当中，国家价值观处于更加有利的地位，由于国家在现实中掌握公共权力，所以公民常常服从于它的判断。而从国家价值观的内容来看，它的内容也影响着公民价值观的内容，换言之，有怎样的国家价值观，就有怎样的公民价值观：这个国家崇尚公义，它的国民就必不以追求邪恶为荣耀；反之，如果这个国家追求邪恶，它的国民也就对正义不再有指望。

国家价值观包括两个维度：第一维度是作为对内享有主权的国家对其所属公民、组织的维度，第二维度是作为对外享有主权的国家对其他国家及其国民的维度。由于不同的国家在价值客体方面基本相同，但在价值目标方面却相距遥远，这一点往往是构成不同国家之间意识形态差异的主要原因。在第一个维度下，对自己本国的国民而言，国家应当具有正义、自由、平等、民主、法治等价值目标；对于他国而言，国家之间应当具有正义、和平、友好、发展等价值目标。

2. 因何要用国家价值观？

第一，国家价值观是国家伦理形成的前提条件。

一个国家所具有的价值观，决定了这个国家的政策选择，也决定了这个国家的制度模式。因为国家的价值观决定了国家安排其现实生活的优先秩序。一个国家要想有一个和谐的、光明的未来，必须慎重对待自己的价值观体系。每个国家都有自己固有的价值观体系，但这个价值观体系只能对这个国家产生作用，它并不能约束所有的国家。只有通过众多国家的价值观共识，国家与国家之间的伦理规范才能够生成，普适性的国家伦理才能产生。这一点对于建设一个和平的世界秩序至关重要。没有国家与国家之间的价值共识，世界的和平只能是虚无缥缈的幻象。

第二，价值结构表明国家的价值观需要一个终极裁判者。

我们缺少德性的原因在于我们没有确定的伦理规范，而我们没有确定的伦理规范的原因在于我们没有共同的价值观，我们缺少共同的价值观的原因在于每个人都是价值的评价主体，我们无力让其他人宾服于我们，因为我们都是平等的主体。因此在这个意义上，我们需要有一个终极裁判。也许，我们并不是缺少德性，而是缺少能够形成德性的规范，一种稳定的、绝对意义的规范。这个规范不单单是个别人需要遵守的，也是每个人都需要遵守的，而且还是每个国家也需要遵守的。

第三，国家价值观适宜表述于宪法文本当中。

国家的价值观体系，必须要稳固下来。而在一个国家的现实制度框架之内，宪法的至高性是必须要借助的。通过在宪法中将国家的价值观系统地表述出来，可以达到明确和稳定的目标，同时，还产生了将其制度化并作为制度的核心价值的效果。

第四，国家价值观既是国家法治的制度起点也是最终归宿。

国家的法律制度体系必须建立在国家价值观的基础之上，在这个意义下，国家价值观是一个国家法治系统的法律制度的起点。而如果对这个法律体系所达成的效果进行评估的话，也必须回到国家价值观上来，以国家价值的达成与否作为其评价标准，因此，国家的价值观也是一个国家法律制度体系的最终归结点。

（三）支柱之三：国家行为

1.何为国家行为？

国家行为，是指以国家及各级政府之名，以国家公共权力之实，针对公共领域而做出的各种治理行为之总和。国家行为包括内政与外交两个维度，即对内的管理维度和对外的交往维度。这一概念包括如下几方面的要点：

（1）国家行为必须是以国家之名或政府机构之名而做出的

做出国家行为的主体必须是国家或者国家的某些官方部门或者地方机构，这是使国家行为区别于私人行为的外在特征。

（2）国家行为的内涵是运用公共权力

国家行为的内在基础是国家拥有正式的、官方的公共权力，换言之，合法的公共权力是国家行为具有法律效力的根本保障。

（3）国家行为所针对的对象是公共领域的公共事务

除了私人领域以外的军事、经济、社会、文化等具有公共性的管理领域都是国家发布其政令、实施其统治的范围。

（4）国家行为包括各种类型的行为方式

国家行为是政府针对公共领域而采取的各种治理措施、手段，既包括强制性的手段，也包括非强制性的手段。一般而言，国家行为有立法行为、执法行为、司法行为和监督行为四种。

（5）国家行为是内政与外交的统一

国家行为具有两个维度，即对内的治理维度和对外的国际交往维度，在这两个维度下国家通过制定和实施各项政策、法律而实现其整体目标。

（6）国家行为是国家价值观的外在表达

国家行为是国家意志的体现，而国家意志则以国家价值为最高标准，一个国家在不同的时期可能会有不同的国家价值观，因为国家会根据其阶段性建设目标而选择国家价值观。

（7）国家行为是国家承担国家责任的依据和方式

国家对内承担的治理责任和对外承担的国际责任都是通过各种国家行为实现的。

总之，国家行为概念是一个具有丰富内涵的、具有多种要素的概念，这一概念涵盖了国家所有的行为方式，是对国家行为体系进行描述和分析的基本工具。

2. 为何要用国家行为？

正如前文所述，国家行为的概念是一个国际法领域的基石性概念，国家行为的概念与国家对内的治理和对外的国际交往都有着密切的关系。可以说，国家行为是国家价值观的外在、直观表达，既是国家伦理的实践模式，也是国家责任落实的必经之途。在生态环境领域里，由于缺少对国家行为的约束，很多国家在现实中缺少责任感，甚至对国际生态环境的恶化可以不承担责任。因此，在理论上必须要建构这样一个基本概念，才可能在实践中建构一个基本制度体系。下面的事例让我们看到，在生态环境一体化的背景下，常常有为了本国经济利益而放任损害整体环境的行为。而对此类似行为只有从约束国家生态行为的制度体系这个角度出发才能解决问题。

【事例】世界银行及合作伙伴共同组成的"减少全球天然气燃除合作伙伴"发布的一份报告称，俄罗斯石油生产商每年燃除 380 亿立方米的天然气，占该国伴生天然气总量的 45%；如果采取综合措施，被燃除的天然气中有 80% 都有可能得到利用，每年可带来数十亿美元的收益，同时减少 8000 万吨碳排放。燃除天然气，是指通过燃烧的办法去除石油生产过程中伴生的天然气。由于很多油田地处偏僻，缺乏相应的基础设施或近距离的天然气市场，伴生天然气得不到合理利用，只能被白白烧掉。据估计，全球每年至少燃除 1500 亿立方米的天然气，释放出 4 亿吨温室气体，相当于目前《京都议定书》机制下批准的全部减排项目每年减少的排放总量[①]。

（四）支柱之四：国家责任

1. 何为国家责任？

国家责任，也叫政府责任。政府责任是指这样一个完整的制度体系，即政府为实现一定的管理目标，在法律规定的相应职权范围内，针对不同的责任相对方主体，依据法律和政策所规定的责任内容实施既定的法律行为，并依据不同的归责原则、行政程序而承担不同形式的责任后果的制度体系。这一概念指明政府责任是由责任赋予、责任履行、责任追究和责任评估四个子制度构成的，并通过责任的设定、实施、监督、评价四个阶段而依次实现，包括主体要素、行为要素、结构要素和程序要素四种不同的逻辑要素。这一概念主要指涉及政

---

① 汤家礼. 气候危机四伏及探寻解决之道 [J]. 海洋世界，2008（8）：1.

府所承担的伦理责任、政治责任、行政责任、法律责任四种不同的责任内容。据此，政府责任应包括如下几个主要方面的内容：

第一，政府责任分布于四个主要阶段。

一是责任的设定阶段，主要指法律的赋权阶段，这是政府承担责任的前提，是政府责任的逻辑基础和组织基础。二是责任的履行阶段，也就是责任的实现阶段，主要是通过政府不同形式、不同方式的执政行为来实现，这是政府责任的实现机制。三是责任的监督阶段，当所设定的责任内容不能实现时，由监督主体督促并追究责任人员，保证政府责任的最终实现。四是责任的评价阶段，在经过如上三个阶段之后，必须对政府责任进行评价，以保证整个责任制度的有效性，对政府承担责任进行评价通常称为政府绩效评估。

第二，政府责任由四种主要机制组成。

一是责任赋予机制，主要由宪法、组织法、行政法当中关于政府的职权的法律规范来赋予。二是责任履行机制，主要是依据宪法、立法法、行政法、诉讼法等法律、法规所规定的程序和方式实现责任的目标，主要通过政府的各种行为法来实现。三是责任追究机制，主要由责任追究主体依据审计法、复议法、信访条例、诉讼法、监察法等不同的具有追究政府责任功能的法律、法规所组成，其目标是追究政府及公务员的违法责任。四是责任评估机制，主要由评价主体依据合法性和合理性的价值标准来衡量前面的三种机制，在进行客观评价的基础上进行制度的完善和调整。

第三，政府责任包括四类逻辑要素。

一是主体要素，主要指政府责任机制中不同性质的主体，包括责任承担主体、责任相对方主体、责任追究主体。二是行为要素，主要指不同主体的设定、履行、监督行为。三是结构要素，包括责任内容、责任行为方式、归责原则、责任方式等责任连接要件。四是程序要素，指政府履行责任的程序，包括责任设定、履行、监督及评估程序。

第四，按照责任的内容和性质来看，则很容易将政府责任区分为伦理责任、政治责任、行政责任和法律责任四种。

（1）伦理责任是政府在一个社会的精神文明领域所要尽的职责。伦理道德是一个国家或民族各个生活领域中起重要引导作用的精神力量，在这个方面，政府的责任是丝毫不可推卸的。（2）政治责任是政府在现代政党制度下，通过政党（在我国指执政党和各参政党，下同）的党员而实现的党内的责任。这种责任形式是介于伦理责任和法律责任之间的一种责任形式。没有良好的政治责任制度，伦理责任就不能有效转化，法律责任也不能充分实现。（3）行政责任主要是指政府所担负的实现行政管理目标的责任，通常包括经济责任和社会责任，经济的发展、社会的和谐是政府责任最明显的体现。（4）法律责任是指政府及其公务员违法时所承担的责任，包括宪法责任、行政责任、民事责任、刑事责任等。

通过上面的梳理可以看出，政府责任的概念具有多重内涵，其中包括了在不同责任阶段的不同责任机制、责任要素及责任内容。从政府责任的概念可以看出，政府责任是一个颇为复杂的体系，因而不应当只将其中的一个部分或几个部分作为政府责任的整体。

2. 为何要确立国家责任？

从马克思的国家与社会二元理论来看，国家是从社会中产生并对社会发展起到巨大作用的制度机器。在国家与社会之间有着一道明显的分界线，政府产生于社会并根据一定的原则而组成，由于社会对政府有所期待，因而令政府承担某些相应的职能，赋予其相应的权力，并借助相关的监督机制使政府对社会托付的事项承担责任。因此，从宏观方面来看，政府责任其实是国家与社会之间的桥梁，是国家与社会之间的传递媒介。通过这个桥梁，使社会与国家在结构上互相支撑，在功能上互相补充，并在系统上互相回应。历史发展的过程也一再验证了这一基本规律：不论是中国各个朝代的更替还是国外历次革命浪潮的接续，也不论革命的结果所选择的是民主政府还是专制政府，其所围绕的主题都是如何遴选出一个符合社会发展理想的政府模式。从这个意义上讲，政府责任可以说是国家与社会之间最为核心的联系机制，它要解决的是社会需要什么样的政府，政府应当如何管理社会——管得好如何？管得不好又如何？总之，政府责任是关于一个国家公共生活的制度体系。

1.3 人类命运共同体的生态环境实践架构

人类命运共同体在生态环境领域是一个综合、复杂的实践体系，因此，我们建议采用多叠一体的研究方法，也就是使一个事物的存在逻辑能够合而为一，即使理论与实践的内在逻辑相吻合，使制度规范与自然规律相吻合[①]。

一般而言，环境信息包括两类：一类是自然生态的环境信息，另一类是社会生态的环境信息。第一类环境信息主要指在自然状态下的环境信息，如自然保护地、国家公园、自然保护区等各类没有人为因素或较少人为因素介入的环境信息，信息类别包括阳光、空气、水源、土壤、生物多样性等。第二类环境信息则主要来自人类社会状态下的城市和乡村，反映人类居住状态下自然环境的生态信息。信息类别包括在有大量人类参与的前提下，阳光、空气、水源、土壤、生物多样性等信息。

环境信息共享，指的是在信息真实、依法开放、共同享有、共同维护的原则下，政府、企业、社会组织、各界公众有义务在公共媒体上发布真实的生态环境信息，同时有权利知悉、传播、利用生态环境信息。正如有学者指出："开放共享是科学数据充分利用并且发挥价值的基础，共享机制直接影响数据的开放共享。"[②]

环境信息共享平台，指的是以环境信息共享为目的，以环境相关的信息为内容，以政府为主导，以企业和社会公众及国际环保组织为主体，借助大数据、人工智能、移动互联网、云计算、区块链等现代网络通信技术而建构的综合性的网络信息平台。曾经有学者提出"数据汇交、数据出版、数据联盟和服务激励"[③]四种数据共享机制，但从环境信息平台的功能来看，完全可以实现环境信息的汇交、公开、统计、预判等多种功能。在全球普遍性的生态危机的背景下，

[①] 诸云强，朱琦，冯卓，等. 科学大数据开放共享机制研究及其对环境信息共享的启示 [J]. 中国环境管理，2015，7（6）：38-45.

[②] 李春艳. 基于大数据的环境信息共享机制探讨 [J]. 中国战略新兴产业，2017（20）：89.

[③] 诸云强，朱琦，冯卓，等. 科学大数据开放共享机制研究及其对环境信息共享的启示 [J]. 中国环境管理，2015，7（6）：38-45.

环境信息平台是实现环境信息共享的最重要机制。因为没有环境信息平台就不能形成国家的生态伦理认知，因而就不可能有国家的生态行为规范及国家的生态责任承担，进而也不可能有国际间生态环境信息合作。

为方便研究，将人类环境分为两类：一类是处于原生态的自然环境，这类环境治理的要点在于有效保护、减少干预；另一类是有人类参与的社会环境，正在开发或者已经开发过的生态环境，这类环境治理的要点在于最大限度地保持环境的清洁卫生，其中固体垃圾的处理方案尤其重要。针对两类环境提出不同的治理方案。同时，利用现代科学技术，以国家为基本行动单位，建构一个世界生态环境信息平台，在信息平台上发布环境信息，进行普世的生态教育，公布环境破坏案例，公示生态建设招标信息，号召各国人民参与全方位监督，实现全球生态的智慧化、现代化管理。

1.3.1 原生态资源的保护模式

（一）国家尊重原生态的价值理念

地球上的整个生态系统是一个高度复杂、多元多类的生态系统，具有高度的系统性、整体性、协同性。在这个由高度智慧所设计的自然系统当中，我们不能想当然地再去补充、完善，也不用在自然规律之上再去人为建造更高的自然系统，而是充分尊重这个本来就已经很完备、完美、完善的系统。正因如此，《生态文明体制改革总体方案》明确指出："树立山水林田湖是一个生命共同体的理念，按照生态系统的整体性、系统性及其内在规律，统筹考虑自然生态各要素、山上山下、地上地下、陆地海洋以及流域上下游，进行整体保护、系统修复、综合治理，增强生态系统循环能力，维护生态平衡。"

（二）国家创新生态保护机制

目前各个主权国家各自有一套生态保护系统，保护的范围、保护的程度、保护的方法五花八门。从世界各地整体的生态状况来看，保护生物多样性最有效的机制是设立国家公园、自然保护地、自然保护区等生态空间，使"国家重要自然生态系统原真性、完整性得到有效保护，形成自然生态系统保护的新体制新模式，促进生态环境治理体系和治理能力现代化，保障国家生态安全，实现人与自然和谐共生"。

（三）国家统一担当保护责任

目前世界生态保护最突出的问题是保护区域碎片化、保护对象单一化、保护手段低效化。而面对诸多的管理问题，国家必须作出整体的生态保护和规划设计。包括由国家生态主管部门承担树立正确的国家公园理念、明确国家公园定位、确定国家公园空间布局、优化完善自然保护地体系的重大责任。同时，构建协同管理机制，建立健全监管机制，建立保护养护恢复机制。

1.3.2 人文社会环境资源的保护模式

在城市和乡村这些以人类为居住主体的人文社会环境中，人类一方面将自然资源从环境中提取出来，另一方面也将不需要的垃圾废物丢弃回去。在这一过程中，如果对生态环境不注意保护，便会形成对自然资源的毁灭性开采，而在丢弃过程中，如果对垃圾不进行科学分类回收，便构成了对自然环境的破坏。可见，固体垃圾废物的处理回收必须有一套科学的设计。具体而言，需要注意如下要点：

（一）固体垃圾处理的价值理念设计

价值理念是一个系统的核心命令控制体系。实际上这个核心控制体系的命令系统不但要有确定的价值内容，还要有确定的价值序列。对于固体垃圾处理而言，有如下几个具体的制度设计理念：（1）禁止污染、消除遗患的环境治理理念；（2）源头分类、资源转化的科学发展理念；（3）减量控制、循环利用的绿色生态理念；（4）各居其位、各守其职的责任驱动理念；（5）政府推动、全民参与的社会协同理念。

（二）固体垃圾处理的创新模式设计

固体垃圾处理的处理模式是"一法双域""一法双责""一法三能""一法三效"模式。所谓"一法双域"，指的是城市和农村共同适用同一部《固体垃圾处理法》，城市和农村两个区域形成良性循环，农产品垃圾与工业垃圾正向流动。转变传统的农村与城市之间的对立关系，城市垃圾往农村埋、农村污染的农产品往城里卖的"互坑"模式。所谓"一法双责"，指的是公民、企业和国家各自承担责任。由于公民、企业是固体垃圾的产生者，因此，承担垃圾清洁、分类、交费责任，而国家是制度的提供者，因此，国家承担法律政策的制定与实施、产业的组织与规划责任，改变传统的垃圾自由泛滥模式。这样，国家与个人两个责任主体责任到位，互相监督。所谓"一法三能"模式，指的是在同一部《固体垃圾处理法》中，达到"减量化（Reduce）""资源化（Recycle）""再利用（Reuse）"同时完成的效果，转变传统的"减量化"靠道德舆论、"资源化"靠法律规则、"再利用"靠市场规则的标准分裂模式。所谓"一法三效"，指的是通过制定一部《固体垃圾处理法》，达到控制土壤、水源、空气污染，保证土壤、水源、空气洁净的效果，即以"一法保三洁、一法治三污"的创新模式，转变传统的治理土壤污染靠土壤污染防治法、治理水污染靠水污染防治法、治理空气污染靠大气污染防治法的"多法而无效"模式。

（三）固体垃圾处理的国家之优先保障策略设计

发展策略，是指发展模式之下的国家整体战略、规划、计划、步骤、安排。对于固体垃圾的发展战略，具体而言主要包括如下几个方面：（1）国家制定固体垃圾处理产业发展的整体规划。（2）国家制定固体垃圾处理产业的领域空间布局。（3）固体垃圾规划所需资金由国家财政优先保障。（4）促进企业、大学、基地多方联合，开发固体垃圾多维分层利用。（5）国家确定固体垃圾产业工人待遇，提高相关产业员工福利。

（四）固体垃圾处理的全盘规划设计

固体垃圾处理的发展规划，是指在国家整体布局之中、世界背景之下描绘固体垃圾处理的未来发展蓝图。特别强调：（1）这一全盘规划首先必须是在国家层面的设计，以国家的能力来推进地方的规划。（2）地方的规划并不单单是一项法律制度的规划，而是包括全面的社会发展规划。换言之，固体垃圾的发展规划涉及诸多的具体规划，包括时间进程规划、空间分布规划、区域治理规划、产业配套规划、制度建设规划、政策制定规划、项目实施规划、技术开发规划、实施推进规划等不同内容的专项规划。

1.4 生态危机之下的京津冀协同发展格局再造

在党的十八大之后，依法治国成为国家发展的重大战略。中共中央、国务院印发了《法治政府建设实施纲要（2015－2020年）》，提出"围绕建设中国特色社会主义法治体系、建设社会主义法治国家的全面推进依法治国总目标，坚持依法治国、依法执政、依法行政共同推进，坚持法治国家、法治政府、法治社会一体建设"。在依法治国的宏大背景下，京津冀地区的协同发展也被纳入国家发展战略中。这一区域的发展被称为我国改革开放之后继珠三角、长三角之后的第三波。本书的目的在于以法律为制度建构手段，提出京津冀的发展模式，将三地发展纳入一个共同的制度蓝图，使京津冀的发展在法治的轨道上稳步有序地进行。

1.4.1 探寻京津冀发展新格局

2011年，国家"十二五"规划纲要提出"推进京津冀区域经济一体化发展，打造首都经济圈，推进河北沿海地区发展"，至此"推进京津冀区域经济一体化发展"的理念正式写入国家级规划。2014年2月26日，习近平总书记在听取京津冀协同发展专题汇报时，将京津冀协同发展上升为国家战略，并对三地协作提出七项具体要求。至此，京津冀的协同发展获得最高国家定位。7月31日，北京市与河北省在京进行工作交流座谈，共商推进京津冀协同发展。会后，两地签署了合作协议，涉及共同打造曹妃甸协同发展示范区、共建北京新机场临空经济合作区、共建推进中关村与河北科技园区、共同加快张承地区生态环境建设、交通一体化合作、共同加快推进市场一体化进程、共同推进物流业协同发展等七个方面。这七项协议将京津冀协同发展推向不同的领域，从而走上实体化的道路。8月7日，天津市、北京市联手宣布新举措：京津在30个重点领域深化合作，京津还共同签署了《贯彻落实京津冀协同发展重大国家战略推进实施重点工作协议》和《交通一体化合作备忘录》《关于共同推进天津未来科技城京津合作示范区建设的框架协议》《共建天津滨海—中关村科技园合作协议》等。2015年4月30日，中央政治局会议审议通过的《京津冀协同发展规划纲要》指出，推动京津冀协同发展是一项重大的国家战略，战略的核心是有序疏解北京的非首都功能，调整经济结构和空间结构，促进区域协调发展，形成新增长极。终于，京津冀协同发展的顶层设计总体在党中央的主持下完成。12 月 8 日，根据国家发展改革委、交通运输部联合印发的《京津冀协同发展交通一体化规划》，京津冀协同发展交通一体化将按照网络化布局、智能化管理和一体化服务的思路进行。至此，京津冀协同发展从交通领域开始"破冰"，迈出里程碑式的、具有实质内容的一步。

回顾我国自改革开放之后，环首都经济圈、环渤海经济圈及振兴河北等不同规划纷至沓来，然而由于种种原因，各种规划多受行政区划之局限，亦少有完整面貌，更难全面覆盖京津冀三地。究其原因，笔者以为上述种种发展思路都是只立足于"各家自扫门前雪"的发展模式，三个省市"各怀心腹事"，自然也就"自行其事"。因此，在没有顶层设计的前提下，这三个地区出现了诸多的"非一体化"现象，例如承担空气、水源、蔬菜、粮食供应的河北省成了一个经济发展落后的省份，与富足的京津形成鲜明的对比[1]；又如北京的经济模式造成污染，使首都功能难以维系，在大型企业向河北转移的过程中也将污染转移给河北；再如天津的港口服务对河北企业"不买账"，河北又迫不得已另建唐山和黄骅两个港口，结果使天津港口的战略地位受到挑战；还有天津的机场与北京的机场相距咫尺，但飞机起落总量却"一冷一热"。可见，对于破解京津冀一体化这一时代命题而言，毋庸置疑，找出协同的障碍之所在，采用新的思维去破解难题是唯一的出路。

1.4.2 京津冀协同发展的法治障碍所在

京津冀协同发展是我国改革开放的重大发展战略，如何以法治理念破解这一理论课题和实践课题，是摆在中央和京津冀三个地方政府面前的一个时代课题。对于河北省来说，更要深刻理解京津冀协同发展的内在含义，抓住机会发展河北：找准目标定位，进行顶层设计，以协同基础进一步与北京和天津成为一个区域整体，在这个区域整体的一体化的平台上，调整好产业规划，制定区域发展模式，壮大河北、服务京津，以法律制度为推进机制和实施进制，促进京津冀协同发展的目标全面落实。

---

[1] 刘玉海. 离首都100多公里贫困县竟然连成片 [J]. 中国国家地理，2015（1）：44-45.

通过调查研究我们发现，目前京津冀三地都有自己的地方法律体系，体系之间是独立且封闭的，立法内容、立法类型、立法水平都有相当大的差异。三地的政府在各自的管辖范围内，依据各自的地方法规执行法律，执法的效果也有差异。法律协作的经历并不多见，三地司法体系和各类案件类型也有较大区别。

目前京津冀三地虽然都想在协同发展的大背景下共同发展，但尚有许多障碍需要克服。

首先，经济利益的局限。京津冀三地都在计算自己的利益得失，如北京的非首都功能外迁，迁到天津的哪里？迁到河北的哪里？河北想融入这个大舞台，河北省的各地市县之间怎么统一步调才能与北京、天津协同？跟天津协同还是跟北京协同？还是把北京迁出来的项目"同"到自己的管辖里来？迁过来的企业项目愿意不愿意放下北京的身份被河北和天津"同"化？还是带着北京的身份只暂时到河北和天津"外放"？

其次，法律制度的局限。京津冀协同发展是中央的新政策，而任何政策要想真正发挥现实作用，必须要通过制度转化过程，即法治化过程来落实。这个过程只能是通过立法才能完成。目前的模式是三地都有各自的立法权，在这样的格局下是三个地方各自立法还是参照一个模板分别立法？如果是各自立法就谈不上协同，而要共同参照一个模板，由谁来提出这个模板？如果有一个地方不同意这个模板又当如何？可见，我国目前法律体系本身的内在衔接和关联机制使京津冀协同发展受到阻碍。

最后，协同领域的限制。京津冀协同发展是一个包罗万象的时代工程，涉及诸多的产业、诸多的政府权力机关，又跨越诸多的地域和领域。即使国家下定决心制定一部法律来协同发展，也需要考虑一下面临的困难：一则我们国家没有制定过一部宏观规划法；二则众多的行政行为、经济行为、民事行为也不可能仅通过一部法律来调整。

目前京津冀协同发展在两个层面上进行：在中央层面，已经提出总体战略构想、制定规划纲要，大力号召、推动京津冀协同的进展；在地方层面，三地分别落实政策、落实规划纲要，政府已经行动起来。但总体来看，这样的进展与"依法治国、依法协同发展"的目标之间还缺乏一个重要的转换机制，即协同发展的立法机制，因为只有通过立法这个转化机制，中央的政策才能转化为制度模式，政党的意志才能成为国家的意志，政府才能执行法律，最终这个战略才能真正成为改革的现实力量。反之，越过法律这个转化层次直接进入执行操作，一方面会与现实法律规范相冲突，另一方面，政策理国的思想也与依法治国的思想相违背。

可见，在中央重大战略调整、稳步推进京津冀协同发展的背景下，迫切需要体制、机制创新，需要新的法律来规范协同发展步伐，但新的法律制度又面临诸多的现有制度的阻碍。在目前的种种困难条件下，如果不能使中央的政策制度化，协同发展很可能被虚置于政策层面而不能进入国家法律体系并转变为现实制度。

1.4.3 京津冀协同发展的新思路

为解决这一制度难题，我们对京津冀协同发展的课题进行了广泛深入的思考和研究，提出如下建设性建议：

（一）寻求新的一体化的建设思路

所谓的发展模式是协同发展的模式，在多个主体存在的前提下，为共同的目标、共同的利益互相合作。对于京津冀来说，尤其是在当下三地"分灶吃饭"、政府能力不等、发展贫富不均、资源构成各异、环境污染日益严重的情况下，协同起来缺乏真正的共同利益基础，并且"讨价还价"没有标准，最为头痛的是三地政府之间的沟通缺乏常设的制度化平台，谁跟谁对话？谁跟谁协同？协同后怎么行动？与现行地方法规如何协调一致？这些问题都很现实地摆在面前。一体化的思路不同于协同发展的思路，是因为一体化指的是三个地方成为一个整体，而协同发展则是几个主体之间的协调与合作，其发展模式和行动方式都是不一样的。成为一体，意味着放弃自己的利益打算，从整体功能的角度设计自己的定位，就如同一个人，眼有眼的功能，嘴有嘴的功能，头有头的功能，脚有脚的功能，彼此之间不再分高低上下和你的我的。应以柔性一体化的思路解决京津冀三个主体的纷争和清除三者的差异，凝聚合力，以重大的、共同的问题为着力点，打破地域限制、制度限制，建构整体格局，以一体化促进协同发展。

（二）制定新的法律规范体系

先建构框架式法律，然后逐一展开一体化领域。我们提出与一体化思路相配套的《京津冀区域一体化建设法》草案。该草案有以下几个特征：第一，该草案是一部高位阶的法律或者行政法规，其效力高于京津冀三地的地方性法规，这样就可以解决三地协同立法中利益的矛盾。第二，这部法律草案设计了"一个"一体化的"头"，即京津冀发展协调委员会，由京津冀三地政府和国家发改委共同派员组成，分别代表地方利益和国家利益，其组织机构列于国务院的特别委员会。其优点是可以克服现在的"三头""三体""三心"的缺陷，形成统一的共同意志，使三地政府与中央政府真正成为一个一体的协调机构。法案赋予该委员会具体实施一体化发展的诸种权力，目的在于使其实权化、高效化。第三，该法案是一个框架式结构，任何跨区域、跨领域、跨行业的事项都可以被纳入这一框架。第四，该委员会选择、实行一体化领域布局，渐次推行一体化方案。哪个领域需要一体化，则选择哪个领域进行一体化。不需要一体化的领域，则保留现有制度和机制。第五，该委员会实行项目运行机制，设立多样的、灵活的、合作式的项目，多个项目可以同时开展，每个项目独立运行、独立结算，互不影响。第六，该委员会具有调节三地矛盾的司法功能，三地政府可以就公法争议提交京津冀发展协调委员会，由该委员会进行权衡、协调和斡旋及补偿。第七，该法案是一个程序性的法案，具有实体开放性。这一特点使该法可以容纳诸多的实体法，从教育、交通、环境，再到城乡建设、农业、农村和农民及扶贫工作。任何一个具体事项的提出、听证、论证，一直到执行、发标、结算、监督等，都可以经过该法规定的公开和民主程序进行。因此，这个程序可以将任何实体事务、具体问题都放进去，其框架十分自由、民主而宽泛。

（三）规划新的发展策略

按照新的《京津冀区域一体化建设法》所提供的制度框架，可以在如下多个领域里同时提出一体化方案，由京津冀发展协调委员会来统一论证、决策并组织实施。如下仅是简单列举不同发展领域的发展策略与法治方向（见表1-1）。

表 1-1 京津冀一体化发展策略与立法名录列举表

建设领域	发展策略要点概述	需要制定的立法名录
法律领域	制定京津冀一体化建设法的系列立法，为京津冀一体化发展提供制度平台	《京津冀区域一体化建设法》
教育领域	实行教育产业化，开放教育市场，提倡自主教育、终身教育、远程教育，使京津冀三地居民平等地享受教育资源 各大学开放网络教育资源，自行招生。凡三地居民均有权通过在校或者网络学习任何一所大学的课程，且可以享受减免学费的待遇 建立灵活多样的学制模式，在校学习可以因创业而暂缓、接续。开创单科结业的实用教育体系	《京津冀一体化教育法》
农村领域	推进家庭经营、集体经营、合作经营、企业经营等共同发展的农业经营方式创新。坚持农村土地集体所有权，依法维护农民土地承包经营权，发展壮大集体经济。稳定农村土地承包关系并保持长久不变，在坚持和完善最严格的耕地保护制度的前提下，赋予农民对承包地的占有、使用、收益、流转及承包经营权抵押、担保权，允许农民以承包经营权入股进行农业产业化经营 赋予农民更多财产权利。保障农民集体经济组织成员权利，积极发展农民股份合作，赋予农民对集体资产股份的占有、收益、有偿退出及抵押、担保、继承权。鼓励承包经营权在公开市场上向专业大户、家庭农场、农民合作社、农业企业流转，发展多种形式的规模经营 鼓励社会资本投向农村建设，允许企业和社会组织在农村兴办各类事业。统筹城乡基础设施建设和社区建设，推进城乡基本公共服务均等化	《京津冀一体化农村建设法》
户口领域	实行京津冀区域户口一体化，三地户口均为京津冀户口，享受同等工作、就业、医疗、教育、保障优惠 户口可根据工作生活地点、生活方式自由流动，不再区分农村户口和城市户口	《京津冀一体化户籍管理法》
交通领域	统筹使用交通建设经费，将京津冀的交通设施建设费用按照一体化的原则共同使用 促进京津冀三地交通一体化设施建设，实现海陆、江河、公路、铁路、航空、港口的合理布局 明确天津港、秦皇岛港、黄骅港、曹妃甸港几大港口的建设方向	《京津冀一体化交通建设法》
环境领域	克服当前分散治理的混乱模式，实行空气、水源、土地、噪音、垃圾污染物的综合治理，全民动员，全员参与国家山河整治活动，从污染的产生到排污控制及污染治理，实行综合治理	《京津冀一体化环境治理法》

（续表）

建设领域	发展策略要点概述	需要制定的立法名录
文化体育领域	京津冀三地的高校和研究机构占全国的70%。利用京津冀的教育与科技资源优势，吸引民间投资在世界各地兴建中国学院，全面系统地向世界介绍汉语知识、中国文化、中国的科技知识及中国的法律制度 开创中国文化节、博览会及世界体育项目，举办各种类型的研讨会、比赛、论坛，全面提高京津冀的知名度	《京津冀一体化文化体育事业促进法》
矿产资源领域	明确矿产资源的权属，保障矿产资源的有序开发和利用，禁止乱采 界定矿产资源开发用地与城市用地及农村农用地的界限，不得突破界限 鼓励企业向国外发展，到国外寻找采矿资源，降低国内矿产资源的消耗	《京津冀一体化矿产资源开采法》
旅游领域	设计新型文化旅游项目，如商务套餐旅游、婚姻塑造旅游、家庭套餐旅游、专题旅游、研讨旅游 使京津冀三地与全世界各地结成多种形式的姊妹城市，一方面将中国的旅游资源向世界开放，另一方面让中国人带着中国的文化、中国的产品走向世界	《京津冀区域一体化建设法》
养老休闲领域	在河北山清水秀的地方建立高档的老年公寓，建设配套基础设施，将北京、天津的老年人置换出来，让他们在绿色生态环境中颐养天年。同时，将城市空间租给年轻人去开创事业，老年人则用租金保障自己的晚年生活	《京津冀区域一体化建设法》
高新区开发区	统合高新区和开发区的优惠政策，引导开发区和高新区向不同类型发展 对开发区和高新技术企业实行统一的优惠待遇，阻止开发区之间恶性竞争 以行政奖励、行政资助、创客空间促进企业的发展	《京津冀一体化高新技术企业优惠待遇法》

1.4.4 制定并实施《京津冀区域一体化建设法》

为寻求新的京津冀一体化的建设思路，落实新的发展策略，笔者以为必须以新的制度建构为破题所向，即由全国人民代表大会常务委员会制定新的法律制度，将京津冀的发展纳入一个规范体系，使三地发展一体化、有序化、法治化。下面的《京津冀一体化建设法》是一个初步的总体发展框架，这个框架的主导机构就是一个由中央和地方四个方面组成的京津冀发展协调委员会，这个委员会可以对各个领域进行统一规划、组织协调、筹集资金、监督实施。在这个框架里可以容纳京津冀一体化的任何问题，环境、交通、教育等不同的领域都可以在框架内按照不同领域的特点进行整体安排。

（一）《京津冀区域一体化建设法》法案说明

1. 立法目的及解决的问题

本法的目的是用立法的方法解决京津冀一体化的建设问题。在这样宏大的背景下谁来组织实施、如何组织实施、如何协调一体化进程与各自发展模式的关系以及如何协调与原个体行政区之间的关系，就成为操作层面必须要解决的问题。本法的目的在于运用行政法的模式框架在北京、天津、河北这三个行政区域内逐渐实现经济和社会发展的一体化安排。

本法所要解决的问题是用立法的形式为实现京津冀的一体化提出一个清晰的路线图：第一，用行政组织法设定实施的主体，成立京津冀发展协调委员会，赋予全面的一体化设计实施权力。第二，用合一动态的方式进行整体协调，以行政程序、项目运作机制组织具体实施。第三，用调处手段进行矛盾协调，用协商、斡旋等民主的手段对利益进行多方位协调，保证一体化的顺利实现。

2. 立法思路和结构

京津冀要实现一体化，首先要有一个一体化的思路。正如一个头、一个身体、一个人一样，京津冀三个地方就应当被当作"一个""合而为一"的一体化区域来看待。如果从这个最基本的"合一"理念来看京津冀一体化，京津冀的一体化不是"北京和天津""北京与河北"或者"天津与河北"，而是京津冀三地共同构成一个宏大的、完整的、独立的新区域。

在一体化的总体思路下，本法将三地视同一体化的不同组成部分，共同来运转一套方案、实现一个目标。具体到篇章结构上，本法按照实施主体、主体架构与内部组织、会议程序与制度、建设领域设计、项目运行机制、矛盾协调机制的思路来安排：第一章，京津冀发展协调委员会的管辖区域范围；第二章，京津冀发展协调委员会的架构与内部组织；第三章，京津冀发展协调委员会的会议程序与制度；第四章，京津冀一体化的建设领域；第五章，京津冀一体化建设的项目运行机制；第六章，京津冀一体化建设的矛盾协调机制。

3. 法案主要内容

本法为京津冀一体化的实现建构了一个组织，并为这个组织配备了一套权力体系，以及一套工作推进机制、项目运行机制和矛盾解决机制，为实现京津冀一体化搭建了一个制度化平台。

所谓一个组织，指的是京津冀发展协调委员会。京津冀发展协调委员会是国务院独立的、特别的行政部门。这个组织是实现一体化调度的最高机构，由四个"极"的政府人员组成，即北京、天津、河北三个"地方极"，以及一个"中央极"。京津冀发展协调委员会设在国务院，委员由国家发展和改革委员会和北京市、天津市、河北省四个方面的人员按照 3 ：3 ：3 ：4 的比例组成，每位委员的任期为五年。具体人员由各政府自行决定委派。该委员会实行主任稳定、副主任轮勤制度，京津冀发展协调委员会的主任由国家发展和改革委员会方面的人员担任，常务副主任由其余三个方面的人员轮流担任，主任不轮换，副主任每年轮换一次。

所谓一套权力体系，指的是京津冀发展协调委员会具有跨区的发展规划制定权、组织实施权、冲突协调权和项目研究权。京津冀发展协调委员会专门负责落实国家整体发展规划，协调京津冀三地关系及中央政府与三地之间的关系。在这些权力当中，既有软权力也有硬权力，软权力可以在硬权力运用之前使用。

所谓一套工作推进机制，指的是会议制度。由于京津冀三地发展模式的差异及利益分配的不均衡，一体化进程中急需一个民主的沟通、协调、决策机制。为此，具有普遍性、灵活性和包容性的会议工作制度就必不可少。京津冀发展协调委员会主要的工作方式是召开各种类型和具有不同功能的会议，通过会议突出主题、凝聚民智、创新制度、谋求发展。京津冀发展协调委员会有权视区域发展情形，召开调查会、研讨会、论证会、听证会、学术论坛、发展论坛、高峰论坛等会议。

所谓一套运行机制，包括两个层面：一是领域选择机制，二是项目实施机制。第一，选择一体化领域。京津冀发展协调委员会的性质是一个致力于一体化建设的实务机关，哪些领域适合一体化，哪些领域不适合一体化，首先面临的就是一个领域选择的问题。只有将这个问题摆在桌面上、放在体制里，才能有计划、有步骤地完成。京津冀发展协调委员会可以在各类经济、社会和文化领域里进行一体化领域选择，在选定后的具体领域开展工作。第二，以项目制度实施一体化进程。在京津冀的一体化过程中，将工程划分成一个个可以衔接的单元项目，供政府采购时进行招投标，进行宏观的项目布局，卡住项目设计、项目招标、项目监督三大重点环节，这样不但可以吸收各方面的资金，而且还可以多个项目同时建设，加快一体化的总体进程。

所谓一套矛盾调处机制，指的是中央和地方之间以及京津冀三地之间发生矛盾纠纷，专门进行利益调整、纠纷解决的机制。在京津冀一体化的过程中，由于三地的不均衡发展，矛盾与冲突是必定存在的，可以说如何协调矛盾是京津冀能否一体化的关键制度机制。京津冀发展协调委员会内设协调司，是专门处理京津冀发展矛盾与冲突的机关，具有矛盾调处的权力。协调司有权主动就发现的各种矛盾和争议事项进行协调处理。京津冀协调发展委员会有权运用协商、斡旋、补偿等行政手段，也有权采用司法方式进行公开开庭审理，通过调查、听证、裁决等方式进行审理。京津冀协调发展委员会所作出的建议书、实施方案、裁决书具有法律效力，各当事方有义务执行。

综上，由一个组织、一套权力体系，以及一套工作推进机制、项目运行机制和矛盾解决机制，构成了一个推动京津冀一体化的制度建设平台。笔者相信，通过这样一个完整的制度平台，不仅可以发现当前京津冀发展过程中的种种问题，而且还能够顺利解决。这样一来，就能用一体化的思路破解三地发展不均衡的难题，进而建构出一片具有整体性、和谐性、智慧性的美丽区域。

(二)《京津冀一体化建设法》立法亮点

1. 以立法引领经济的创新模式

这是一部区域建设法，采用的是用立法引导现实的思路。用立法引领经济发展的模式具有三个特点：首先，该法是一个跨行政区域的立法，横跨京津冀三个行政区域。该法不以地理区域为基本建设单元，而是在北京、天津、河北三个区域内统一按照整体规划进行建设。其次，这一立法不是采用传统的中国特色方式，先从政策上进行试验再进行立法，而是先立法再在法律的框架内进行某个领域的区域一体化合作。最后，最为重要的是，该法具有开放的领域架构，在经济、文化、科技、教育、资源开发等各个不同领域可以设立一体化合作项目。这部法之所以用建设法的形式是因为一体化建设必须在一个统一的、更高的层面上展开，非用建设法的形式别无他法。

2. 架构思路上的创新

京津冀一体化的建设首先要解决一个难点，即一体化建设中京津冀之间的关系是怎么样的，是合作还是成为一体？合作的模式在实践中已经出现了多重矛盾，而一体化则又面临行政机构合并的困境。两个方案在操作上都有很大的难度。本法采取了一个灵活而折中的思路：即肯定一体合作的方向，给出了一体化的措施和步骤，同时又保留了原来的行政区划和地方组织。根本的解决办法是划定京津冀发展协调委员会与京津冀三地之间的权力界限：在一体化的领域里，用一体化的项目模式来推进一体化的进程，在一体化还没有涉及的领域里，保持原来的管理模式不变。该法规定："京津冀发展协调委员会有权在政治领域、经济领域、文化领域、社会领域等领域中选择特定产业、特定区域制定发展规划，根据京津冀整体发展规划组织辖区内政府、企业、组织进行合作和建设。"这样的规定使京津冀一体化成为一个可以由京津冀发展协调委员会掌控的进程。由于本法还确定了京津冀发展协调委员会所作出的决定的效力等级，使得其领域选择、规划执行都具有更高一级的法律效力，这样就可以在一体化的进程下，同时推进地方非一体化的建设。

3. 组织法上的创新

该法成立了一个独立的组织机构，在京津冀公共事项协调方面具有独立的行政权力，可以作出行政规划、行政决策、行政调解。该法用三个条文解决了这一建设法的管辖地域、机构性质和权力范围，该法规定："本法所称京津冀指北京市、天津市、河北省两市一省所有的行政区市县所管辖的地理范围。""京津冀发展协调委员会是国务院独立的、特别的行政部门。""国家设立京津冀发展协调委员会，负责落实国家整体发展规划，协调京津冀三地的关系。"这些具体的行政权力只有在独立的行政机构存在的前提下才能具备，而强有力的组织行为能力又是这一组织权力配置的直接结果。这一建设法在我国宪政框架体系内，通过成立京津冀发展协调委员会，使中央和地方的北京、天津、河北各自作为一极的结构得以形成。

4. 领域选择机制的创新

这部法律可以灵活确定一体化领域的运作机制，不是以地理区域为基本建设单元，而是运用规划在城市建设、乡村建设，涉及经济、文化、科技、教育、资源开发各个不同领域内拣选不同的领域进行一体化。该法规定："京津冀发展协调委员会有权根据社会总体发展需要，选择确定一体化的具体领域。"具体领域可以根据建设规划分步设定，如可以先在大气资源、水资源、土地资源等紧缺的领域设定，然后再在交通、矿产、市场、投资等管理领域设定，最后再选择文化、教育、养老、农业等更为深远复杂的领域设定一体化，完全可以根据一体化的进深程度来掌握，具有很大的弹性。

本法根据一体化建设的特别需要，抛开地域上的限制，跳出行政区划的阻碍，在不同的领域内采用个体项目机制。这种灵活的运作机制既保障了一体化的广度，又保障了一体化的深度。

5. 项目机制的创新

京津冀发展协调委员会的项目运行机制是一项特别的制度设计。在京津冀一体化的进程中可以根据情况设定不同的项目。该法规定："项目运行分别包括项目立项与预算机制、项目人员组织与筹款机制、项目招标机制、项目拨款执行机制、项目结算结项机制。京津冀发展协调委员会可以设计各类项目，作为京津冀一体化的推动方式。京津冀发展协调委员会有权向京津冀三方财政倡议筹集相关项目所需款项。项目所需款项由三地政府在本地财政预算内解决。京津冀发展协调委员会有权根据公平原则对三地政府进行捐款指派。项目款项来源是京津冀三地的地方财政。"这里给了京津冀发展协调委员会一项很硬的权力，即当三个地方都考虑自己的利益而不肯配合的时候，京津冀发展协调委员会有权强制性指派款项。这等于给京津冀发展协调委员会一个强大的项目实施权力，极大地保障了行政效率。

6. 矛盾调处机制的创新

该法规定："京津冀协调发展委员会有权采用行政协调、斡旋、调解、补偿等方式进行处理。京津冀协调发展委员会也有权采用司法方式进行公开开庭审理，通过调查、听证、裁决、补偿等方式进行审理。""京津冀协调发展委员会所做出的建议书、实施方案、裁决书具有法律效力，各当事方有义务执行。"从如上条文可以看出，京津冀协调发展委员会有两种机制来应对三方的矛盾，一是行政机制，二是司法机制，前者简单直接、灵活多变，后者程序严谨、民主公平。这两种手段可以相互结合使用。赋予京津冀协调发展委员会所作的建议、方案、裁决以法律效力，由当事方执行。这样的规定有助于解决京津冀三地长期存在的发展不平衡、不协调的问题。

（三）《京津冀一体化建设法》（草案）

目次

总则

第一章 京津冀发展协调委员会的管辖区域范围

第二章 京津冀发展协调委员会的架构与内部组织

第三章 京津冀发展协调委员会的会议程序与制度

第四章 京津冀一体化的建设领域

第五章 京津冀一体化建设的项目运行机制

第六章 京津冀一体化建设的矛盾协调机制

附则

总　　则

第一条【立法目的】

根据国家整体发展战略，为促进京津冀区域一体化发展进程，特制定本法。

论证及理由：

1. 京津冀一体化与京津冀协同不是一个概念，京津冀一体化是指京津冀三者共同构成一个完整的、独立的新区域，正如一个人、一个身体、一个头一样。京津冀三个地方的未来模式应当是"合而为一"的一体化区域模式。而京津冀协同则是北京、天津、河北三个独立的区域互相协助，共同实现同一目标。现实中多以"北京与天津""北京与河北"或者"天津与河北"的模式来进行协同。

2. 一体化是一个发展的进程，如果按照本法所规定的一体化的进程，在未来的十年内将有可能实现真正的一体化。而按照协同模式，在未来的二十年之后才有可能实现协同目标。

第二条【制定依据】

本法依据《中华人民共和国宪法》《中华人民共和国中央人民政府组织法》《中华人民共和国地方各级人民代表大会和地方各级人民政府组织法》《中华人民共和国立法法》之规定由全国人民代表大会常务委员会制定。

论证及理由：

1.法律依据是法律确立本法的根源与依据。

2.法律依据也有层次的区别，最高一级的法律依据是《宪法》，而低一级的法律则是《中央人民政府组织法》《地方各级人民代表大会和地方各级人民政府组织法》和《立法法》。

第三条【基本原则】

京津冀三地以真诚合作、协调共济、共同发展为基本原则。

京津冀区域要建设成为一个自然环境优美清洁、经济社会和谐文明、科技教育高度发达、家庭职场稳固温馨的美丽区域。

在这一区域内，国家倡导区域整体规划、一体化、动态化的发展策略，实现北京市、天津市、河北省的协调发展和共同繁荣。

论证及理由：

1.基本原则是一部法律中贯穿于所有章节规范中的总体精神。

2.本部法律是一部建设法，是要建设一个全新的综合发展的区域，因此建设目标必须全面、明确，包括自然环境、经济社会、科技教育、家庭职场等方方面面都要凝聚到实现一体化的目标上来。

3.发展模式和发展策略由政府主导，采取整体规划、一体化发展的策略。整体规划是对区域个体规划的克服与超越，一体化是对单独化的克服与超越，动态化是对静止化、绝对化的克服与超越。京津冀地区不再是三个区域、三个目标、三套规划，而是一个区域、一个目标、一套规划。不但如此，中央政府的意志与京津冀三个地方也成为一个合而为一的整体（见图1-1）。

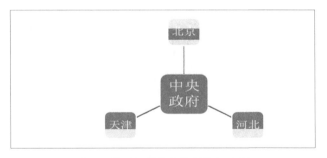

图1-1 美丽四极的主体结构示意图

第四条【适用范围】

本法适用于北京市、天津市、河北省所有的管辖区域范围，凡与本法相冲突的地方法规、政府规章自然无效。

论证及理由：

1.明确本法在地理区域上的适用范围，将京津冀三个相连的区域变成一个整体发展区域。

2.这一条的规定是为解决法律适用冲突，依据特别法优于普通法的原则，本法的适用次序优先于地方行政法规和地方政府规章。优先适用本法可以防止京津冀三地靠地方立法各自为政。

第一章　京津冀发展协调委员会的管辖区域范围

第五条【地理管辖区域】

本法适用于京津冀指北京市、天津市、河北省两市一省所有的行政区市县所管辖的地理范围。

第六条【京津冀发展协调委员会的性质】

京津冀发展协调委员会是国务院独立的、特别的行政部门。

论证及理由：

1.本条的根据是《宪法》第八十九条所规定国务院行使职权中第四款、第十五款和第十七款的规定，即"统一领导全国地方各级国家行政机关的工作，规定中央和省、自治区、直辖市的国家行政机关的职权的具体划分；""批准省、自治区、直辖市的区域划分，批准自治州、县、自治县、市的建置和区域划分；""审定行政机构的编制，依照法律规定任免、培训、考核和奖惩行政人员"。

2.本条根据是《国务院组织法》第八条，即"国务院各部、各委员会的设立、撤销或者合并，经总理提出，由全国人民代表大会决定"。

第七条【京津冀发展协调委员会的权力构成】

国家设立京津冀发展协调委员会，负责落实国家整体发展规划，协调京津冀三地关系及中央政府与三地之间的关系。

京津冀发展协调委员会具有跨区的发展规划制定权、组织实施权、冲突协调权和项目研究权。

论证及理由：

1.政府有所作为的前提条件就是要有合适的权力配置，为此权力的配置一定要完整、有力，而且与京津冀发展协调委员会的性质相配。

2.京津冀发展协调委员会具有的权力要与其性质相配，因为这一委员会是一个负责区域发展的委员会，其权力属性不能是纵向的条条型权力，也不能是横向的块块型权力，而是一个全面的权力体系。并且京津冀发展协调委员会的这种权力也不是直接命令、处罚型的硬权力，而是研究、倡导、协调、促进型的软权力。

3.这样的权力体系的优点就是具有综合性、现实性、可操作性、高效性。

第二章　京津冀发展协调委员会的架构与内部组织

第八条【京津冀发展协调委员会的设立】

京津冀发展协调委员会设在国务院，委员由国家发展和改革委员会、北京市、天津市、河北省四个方面的人员按照3∶3∶3∶4的比例组成，每位委员的任期为五年。

具体人员由各政府自行决定委派。

第九条【京津冀发展协调委员会的主任与副主任的轮勤制】

京津冀发展协调委员会的主任由国家发展和改革委员会方面的人员担任，常务副主任由京津冀三个方面的人员轮流担任，主任不轮换，副主任每年轮换一次。

论证及理由：

1.京津冀协调委员会的目的在于平衡中央、京津冀四个方面的利益，因此由四个方面的人员组成，一方面可以充分代表四个方面的利益诉求，另一方面也方便协调四个方面的协作关系。考虑到河北省人口总数及其相对弱势，在委员的人数上作相应的调整与安排。

2.京津冀协调委员会的主任制度采用"1+1"的模式，国家发展和改革委员会的代表担任常务主任，可以保障国家整体利益，而京津冀三地则可按照次序轮流担任常务副主任，这样的制度设计既有利于突出国家整体利益和区域整体利益，同时也有利于平衡地方利益。

第十条【京津冀发展协调委员会的架构与内部组织】

京津冀发展协调委员会下设规划司、实施司、协调司、研究司等内部机构。

论证及理由：

1. 京津冀发展协调委员会的内部机构设计与其权力配置相一致。这种设计的依据是法治过程原理。

2. 规划司类似于立法机关，负责制定整体规划；实施司类似于执法机关，负责规划政策的实施和执行；协调司类似于司法机关，负责四方面利益的协调；研究司类似于智囊顾问机构，专门负责理论研究和问题论证。

第十一条【京津冀发展协调委员会的权力配置】

京津冀发展协调委员会具有规划制定权，规划司负责制定京津冀的整体规划事项。

京津冀发展协调委员会具有规划实施权，实施司负责实施京津冀的具体规划事项。

京津冀发展协调委员会具有斡旋、调解、裁判、协调权，协调司负责协调京津冀发展矛盾、冲突。

京津冀发展协调委员会具有研究、建议权，研究司负责研究京津冀的发展规划、策略、模式、产业、行业、区域等专项问题。

论证及理由：

1. 政府有所作为的前提条件就是要有合适的权力配置，为此权力的配置一定要完整、有力。规划制定权、实施权、冲突协调权和研究权，是一个完整的权力系列，以不同的模式去实施权力符合分权与效率原则，也与行政主体的组织形式有严谨的对应关系。

2. 京津冀发展协调委员会具有协调的权力。这种权力非常重要，是解决四方利益不均衡的根本出路。

3. 这种权力为京津冀三方的利益冲突设计了一个特别的协调机制，是一种公法人之间的矛盾协调和解决机制，是现在我国制度体系中所不曾有的。

第十二条【京津冀发展协调委员会的权力与地方权力的关系】

京津冀发展协调委员会隶属于国务院，级别高于北京市、天津市、河北省，其做出的行政规划、行政行为、协调意见对各方具有法律约束效力。

京津冀发展协调委员会有权制定、发布区域内所需要的规章。北京市、天津市、河北省分别在自己辖区内组织实施。

论证及理由：

1.确定京津冀发展协调委员会的行政级别，在所面临的地方利益协调方面，确定规划、实施、协调、研究的法律效力级别。其法律效力高于地方法规和规章的效力。显然这样的制度设计是为排除地方权力干扰而作出的。

2.确定京津冀发展协调委员会所制定的规章与地方规章的衔接与协调方式。

第三章　京津冀发展协调委员会的会议程序及制度

第十三条【京津冀发展协调委员会的会议类型】

京津冀发展协调委员会有权根据区域发展状况，召开如下专项会议以推动区域发展：

1.调查会

2.研讨会

3.论证会

4.听证会

5.学术论坛

6.发展论坛

7.高峰论坛

8.其他会议

论证及理由：

1.协调利益的重要内容就是听取利益的表达和进行利益判断。巧妙地利用论证会、调查会、听证会等不同形式的会议，征集建议、听取意见是民主、高效的行政行为方式。

2.京津冀发展协调委员会主要的工作方式是召开各种类型和具有不同功能的会议，通过会议突出主题、凝聚民智、创新制度、谋求发展。

第十四条【京津冀发展协调委员会的会议程序及制度】

京津冀发展协调委员会有权通过各种会议推动京津冀一体化进程，采用如下程序召开各类会议：

1.京津冀发展协调委员会有权设定会议主题和会议形式。

2.京津冀发展协调委员会有权通知和邀请相关人员参与会议。

3.京津冀发展协调委员会有权进行观点总结、通报、发布。

4.京津冀发展协调委员会有权采纳相关会议意见。

5.京津冀发展协调委员会有权将会议结果形成专项报告向国务院汇报。

6.京津冀发展协调委员会有权将会议事项通知京、津、冀地方各级政府。

论证及理由：

1.会议制度是将京津冀三地进行一体化的关键制度形式，没有这种形式，京津冀是各自独立的，无法真正协同；而借助这一会议形式，三地才可能在具体领域和区域合作等问题上进行协同。

2.京津冀发展协调委员会通过会议的形式达到与公众、政府和上级机关沟通的目的，并通过召开不同类型的会议进行区域利益的综合调度与整体协调。

3.京津冀发展协调委员会特别重视会议结果的整理和通报，因为这些意见将是启动规划、执行和协调的基础。

第四章　京津冀一体化的建设领域

第十五条【京津冀一体化建设领域的选择机制】

京津冀发展协调委员会有权在政治领域、经济领域、文化领域、社会领域等领域中选择特定产业、特定区域制定各类发展规划，根据京津冀整体发展规划组织辖区内政府、企业、组织进行合作和建设。

论证及理由：

1.京津冀发展协调委员会可以在各类领域里开展工作，自由设计领域等于给京津冀发展协调委员会列出一个开放式的工作菜单。

2.一方面可以让京津冀发展协调委员会有灵活自如的权力活动空间，另一方面也给各地方保留一定的地方领域权力空间。

3.京津冀发展协调委员会的性质是一个致力于一体化建设的实务机关，哪些领域适合一体化，哪些领域不适合，首先面临的就是一个领域选择的问题。只有将这个问题摆在桌面上、放在体制里，才能有计划、有步骤地完成。

4.这一章的作用是承上启下，先将京津冀发展协调委员会的权力具体化，然后为项目形式奠定组织法的基础。

第十六条【京津冀一体化领域之设定机制】

京津冀发展协调委员会有权根据社会总体发展需要，选择确定实行一体化的具体领域。

论证及理由：

1.京津冀发展协调委员会可以根据区域发展规划的需要，灵活选定一体化的发展领域，领域可大可小。

2.早期不成熟的时候可以选择难度小的领域，待机制成熟以后，再攻克一体化进程中的难点领域。

第十七条【京津冀一体化的项目承办渠道】

京津冀发展协调委员会有权召集各级政府和民间组织及国外企业进行项目投资及建设。

论证及理由：

1.京津冀发展协调委员会有权在项目的基础上，在政府和民间、国内和国外不同渠道进行项目建设，这种宽泛的投资方式对区域一体化的建设十分有利。

2.在一些公路、航空、通信等领域，采用国际上先进的项目管理方法是十分必要的。

第十八条【京津冀一体化领域之具体规划】

京津冀发展协调委员会有权根据总体规划，选择需要一体化的某些领域，作出具体规划、制定发展策略和发布行政命令。

论证及理由：

1.京津冀发展协调委员会有权根据京津冀三个区域的具体情况，进行一体化领域的选择，从一个领域开始逐渐扩展到多个领域。

2.交通、环境、人口、社会、文化、教育、卫生等不同的领域，京津冀发展协调委员会都有权力超越个体区域进行整体规划和一体化建设。

第十九条【京津冀一体化领域之执行】

京津冀发展协调委员会有权组织实施规划、政策、命令。

京津冀发展协调委员会在规划之后由实施司进行具体实施。

京津冀三地政府有义务配合京津冀发展协调委员会的规划、政策、命令。

论证及理由：

1.京津冀发展协调委员会有权在规划之后组织具体的实施。

2.实施过程中涉及中央和地方关系、京津冀三个行政区政府的关系，由京津冀协调委员会进行协调。

第二十条【京津冀一体化领域之监督】

京津冀发展协调委员会有权对规划实施进行监督，发现问题并进行调查及调整。

京津冀发展协调委员会接受京津冀三地政府及相关人员举报，由协调司在一定期限内负责调查，并在一定期限内负责回复举报人。

论证及理由：

1.京津冀发展协调委员会的项目运作过程必须接受各方面的监督。

2.这是一个动态的、内部的监督机制，其目的是保证项目的开放性、公平性和效率性。

3.对于项目的举报人不作严格限制，可以扩大监督信息的来源，加大监督力度。

4.及时调查和及时回复的制度设计可以提高京津冀发展协调委员会的公信力。

第二十一条【京津冀一体化领域之评估与调整】

京津冀发展协调委员会有权对相关领域的发展进行评估与调整。

论证及理由：

1.评估和调整机制是京津冀发展协调委员会为评定项目的设定、执行结果而制定的制度。

2.这一制度可以保障项目的科学性和有效性，为吸取经验、纠正错误作制度上的铺垫。

第五章　区域一体化领域之项目运行机制

第二十二条【京津冀一体化建设的项目形式】

京津冀发展协调委员会有权召集国务院各部委、省、市、区、县政府就相关建设领域与项目设定进行多方协商和洽谈。

京津冀发展协调委员会有权选定不同的领域、采用不同类型项目的形式推动工作。

京津冀发展协调委员会有权在各个一体化领域内设立各类发展项目，每个项目独立运行。

论证及理由：

1.京津冀发展协调委员会在一定领域内采用独立项目的形式有利于资金的集中使用、合理开发。

2.项目运行机制是一种开放的、灵活的、高效的运行机制。项目形式的好处是有项目则实施项目，完成项目就验收结束，没有项目则撤销项目组织。简言之，是一种"招之即来，挥之即去"的高效形式，可以大辐度降低社会成本。

第二十三条【京津冀一体化领域之财政运行机制：项目运行机制】

项目运行分别包括项目立项与预算机制、项目人员组织与筹款机制、项目招标机制、项目拨款执行机制、项目结算结项机制。

论证及理由：

项目运行机制包括若干个步骤。这个过程将办一件事的所有过程都放在一个统一的框架之下，不但有利于项目的实施，而且有利于提高效率。

第二十四条【项目立项机制】

京津冀发展协调委员会根据国务院、北京、天津、河北的建议有权确立各类一体化发展项目。

京津冀发展协调委员会有权制定立项细则。

论证及理由：

京津冀发展协调委员会可以设计养老、旅游、养殖、教育等各类项目，作为京津冀一体化的推动方式。

第二十五条【项目财务预算机制】

京津冀发展协调委员会有权根据项目实施需要进行财务预算。

论证及理由：

项目的预算是推动项目的一个关键环节。预算与项目内容和结果相互对应。

第二十六条【项目筹款机制】

京津冀发展协调委员会有权向京津冀三方提出财政倡议，筹集相关项目所需款项。

京津冀三地政府在本地财政预算内解决。

京津冀发展协调委员会有权根据公平原则对京津冀三地政府进行捐款指派。

项目款项来源是京津冀三地的地方财政。

论证及理由：

1.目前京津冀三个区域的问题是各自按照各自的发展规划使用自己的财政，本条的目的在于建立一个共同的"钱袋子"，共同建设共同的目标。

2.京津冀三个区域都要配合京津冀发展协调委员会的筹款工作。

3.这里给了京津冀发展协调委员会一项很硬的权力，当京津冀三个地方都考虑自己的利益不肯配合的时候，京津冀发展协调委员会有权强制性指派款项。

第二十七条【项目招标机制】

京津冀发展协调委员会有权就相关项目在一定范围内进行招投标，以最优的价格保障项目的实施。

论证及理由：

1.项目招标可以参照《政府采购法》的规定进行。

2.值得注意的是，采用招标制度也一并解决了项目招标组织主体的问题。

第二十八条【项目拨款机制】

京津冀发展协调委员会有权根据项目进度进行拨款。

论证及理由：

京津冀发展协调委员会负责把项目所需的款项按照项目进度拨给项目实施单位，由相关单位执行。

第二十九条【项目结项、结算机制】

项目执行单位必须按照项目预定的时间结项，由京津冀发展协调委员会组织结项验收并给予等级评价。京津冀发展协调委员会有权在项目结项后进行结算，将项目款项按照预算结清。

论证及理由：

1.结项是一项重要的制度设计，结项验收要设定不同的等级鉴定标准。

2.在结算之前，先要进行结项验收，不经结项，不能进行结算。

第六章 京津冀一体化建设的矛盾协调机制

第三十条【京津冀协调委员会的协调权】

京津冀发展协调委员会具有斡旋、调解、裁判、协调权，是专门处理京津冀发展矛盾与冲突的机关。协调司负责协调京津冀发展中的矛盾与冲突。

论证及理由：

1.京津冀协调发展委员会特别配备了矛盾调处的权力。以前这种权力一直在实践中被不自觉地运用，但这一法律将这种权力明确赋予京津冀协调发展委员会，使其成为一项真正能够发挥效力的权力。

2.在京津冀一体化的过程中，由于三地的不均衡发展，矛盾与冲突是必定存在的，可以说如何协调矛盾是京津冀能否一体化的关键制度机制。这是京津冀发展协调委员会协调权存在的理由。这项权力是一项弹性很大的权力，发挥作用的地方是非常多的。

第三十一条【京津冀一体化建设的矛盾协调机制的受理】

协调司有权主动就发现的各种矛盾和争议事项进行协调处理。

京津冀委员会有权受理京津冀三地政府提出的争议事项。

论证及理由：

1.京津冀协调发展委员会有两种方式用来解决矛盾：一是通过主动发现主动解决的方式，二是通过提交受理的方式。京津冀发展协调委员会具有灵活的主动和被动两种运用权力的方式。

2.这类争议和矛盾在以前京津冀的发展史上是不可调和的，如港口的建设、机场的建设及水资源的使用等，而这里提出的矛盾协调机制为解决上述问题提供了一个有效的平台。

第三十二条【京津冀一体化建设矛盾协调的方法】

京津冀协调发展委员会有权采用行政协调、斡旋、调解、补偿等方式进行处理。

京津冀协调发展委员会也有权采用司法方式进行公开开庭审理，通过调查、听证、裁决、补偿等方式进行审理。

论证及理由：

1.我国区域发展不平衡的矛盾在目前体制下是不能很好地解决的。本条的目的在于建立一个矛盾协调机制，让区域发展不平衡的问题有一个共同的协商平台。

2.京津冀协调发展委员会有两种机制来应对三方的矛盾：一是行政手段，二是司法手段。前者简单直接、灵活多变，后者程序严谨、民主公平。这两种手段可以结合使用。

第三十三条【京津冀一体化建设的矛盾协调机制的约束效力】

京津冀协调发展委员会所作出的建议书、实施方案、裁决书具有法律效力，各当事方有义务执行。

附　　则

第三十四条【《京津冀区域一体化建设法》的解释授权】

本法授权京津冀发展协调委员会制定实施细则。

第三十五条【京津冀一体化建设法的生效条款】

本法将于　年　月　日颁布实施。

第 2 章　生态环境信息的道德之源

在宇宙的一个特殊的节点上，漂浮着一颗美丽的星球——地球。

在地球上，生活着一群黑色、黄色和白色皮肤的人，他们共同生活在地球村中，虽然这些人在不同的国家，有着不同的文化习俗，但可以形成一个命运共同体。

《道德经》曰："人法地，地法天，天法道，道法自然。"

宇宙的本体是信息，在宇宙里包括两种本体信息：一种是世界环境的存在和运动的信息，另一种是人类社会存在和运行的信息。道德，既是自然之德与人类之德的合体，又是自然规律和道德规条的结合。

道德与法律之间应当是"相濡以沫"的关系：一方面，道德不断地滋养着法律的生命；而另一方面，法律也一直在表达着道德的主张。

从全世界来看，并不存在有国家强制力保障实施的法律体系，国际气候、生态保护等生态领域的协定也是靠各个国家的自觉和认同才能取得实际效果。因而，在生态危机日益严峻的现实条件下，必须转而寻求一条更有实效的途径，才能有效凝聚各个国家、各个民族的力量。而这个途径就是建构人类命运共同体：以国家伦理为基础，承担国家赋予伦理的重大责任、赋予生态保护的重要使命；使国家成为生态保护的道德主体，而不是利益主体；通过国家生态价值观的重新选择和定位，带动国家行为的转变；与此同时，促进国家改变国内法律制度体系，转向以生态保护为核心的发展模式。

2.1 国家生态价值观的转向契机

2.1.1 国家生态价值观的重要意义

（一）全球时代呼求价值共识

在一个日益一体化的全球时代，人类的和谐共存、协调共进问题已经成为当下世界普遍关注的重大问题。不论是国际社会还是各个主权国家，亦不论是一个民族还是一个社区，都迫切需要一种公平、和谐的价值观来协调和解决生活中各种冲突和矛盾。遗憾的是，现实中充满了价值冲突，持有不同价值观的人们往往自以为是。目前的哲学研究来看，对于价值的定义尚未形成定论。

当代人类社会面临的根本性问题大致可以概括为六大类：一是科学技术的发展、人类物质需求的增长引发的生态危机和生存危机；二是科学技术的发展引起的对人的生命意义的重新界定；三是恐怖主义和战争对人类的威胁；四是社会发展中的正义问题；五是信仰的多样化、道德标准的相对主义与不同文化、不同人群之间的交流与合作问题；六是在物欲中人的意义与尊严的丧失、在市场化活动中工具理性的肆虐和生活意义的碎片化[1]。这六大问题表现了现代社会人与物、人与自身、人与他人、文明与文明、人类自身的前途等人类活动的基本方面的深刻的危机。在这些危机的底层蕴含着诸多的价值问题：如伦理道德与科学技术应如何协调？在不同的主体之间，有限的资源该如何分配？人到底是目的还是工具？在人与自然之间，谁是中心，理由何在？上述问题如果以价值的角度来进行描述的话，这些问题可以提炼为价值认知、价值选择、价值冲突、价值转化及价值协调。从中可以看出，价值的概念是这些问题中最为关键的问题。由此可知，如果人们没有一个关于价值的基本一致的概念，没有相同或相近的价值观，这些问题是根本不可能解决的[2]。

（二）人类生活价值观引导

人们一般认为，事实与价值、评价与认知的区别，是价值概念确立的基

---

① 冯平.价值之思 [M].广州：中山大学出版社，2003：11.

② 特别值得注意的是，中国共产党十六届六中全会提出"建设社会主义核心价值体系"的目标，这一核心价值体系，无论是从理论方面还是从实践方面，其意义都十分重大而深远。参见罗国杰，邢久强.我们党思想上精神上的一面旗帜——关于"建设社会主义核心价值体系"的对话 [J].前线，2007（3）：24-27.

础。从逻辑上讲，"是"与"应该"属于两种不同世界，前者属于事实的客观世界，而后者则是人的主观世界。换言之，从"是"中难以推出"应该"，同时，"应该"也难以与"是"相对应，在这两者之间赫然悬挂着那把著名的"休谟铡刀"①。

然而，当我们将价值与事实相分离的时候，事实就会成为没有价值意义的单纯存在。例如，在法学的诸多流派当中，实证主义就曾主张："价值判断的问题是政治上的问题，而不是实在法要关注的问题，也不是讲求科学的实在法所要关心的问题。"② 在这种价值与事实的二元模式之下，法律就成为与价值无涉的单纯之事实。可是，正是由于价值与现实世界的脱离，造成了诸多的扭曲和难以言尽的痛苦。当法律脱离价值控制之后，法律规范便可以只管是否合法，而不过问是否合理，更不论及善恶，而其后果很可能是"非正义战争的合法化"，就像"一战""二战"一样，罪恶的战争堂而皇之地被国家机器所操纵。再如，当我们拆分价值与科学的时候，科学与伦理就成为完全没有关联的两个部分，于是原子弹便用于战争，优生学也可能成为认定"特殊人种"的科学根据，从而决定将某些不那么优良的种族剔除出去；当我们将经济与价值分开的时候，物欲便开始横流，金钱、名誉、美色便成为众多人的终极目标，人不但被异化，甚至成为金钱、名誉的奴隶；当我们将政治与价值分开的时候，国家和政体便开始成为强权霸主争夺的暴力机器，国际社会同样会成为一个弱肉强食的"丛林社会"，各个主权国家完全陷入军事、经济、政治的大比拼之中；当我们以走进现代化为由将传统的价值观全盘抛弃的时候，忠贞、诚实这些曾经佳美的价值观竟然成为许多人实现自由的障碍。一个个家庭纷纷解体，现代社会中因情感、子女、财产而分道扬镳的夫妻比比皆是，依靠合同而存在的家庭也如履薄冰、岌岌可危。以家庭为最集中体现的家庭价值观的涣散导致了人类社会最基本细胞的分裂，冷漠、虚无的情绪使人们对家庭、亲友所拥有的亲情、责任感烟消云散。而最让我们感到痛楚的是，我们虽然从形式意义上得到了自由和独立，但在内心深处，却感到前所未有的孤独和绝望，我们常常感觉到人

---

① 休谟.人性论（下册）[M].关文远，译.北京：商务印书馆，1980：509.

② 凯尔森.法与国家的一般理论[M].沈宗灵，译.北京：中国大百科全书出版社，1996：6.

生没有任何意义。总之，在这个与价值完全隔绝的世界里，就会使人们看到世风日下、道德倾颓、人性荒芜。

我们何以评断善恶，何以确定行为举止，又何以追求正义与公平？这些需要与我们的思维、行为和生活同在的基本道理，已然成为我们这个时代的人最渴望的。

（三）哲学发展需要突破价值"瓶颈"

价值哲学的开拓者文德尔班曾经说过这样一段意味深长的话："哲学只有作为普遍有效的价值的科学才能继续存在。哲学再也不能跻身于特殊科学的活动中。哲学既没有雄心根据自己的观点对特殊科学进行再认识，也没有编纂的兴趣去修补从特殊学科的'普遍成果'中得出的最一般的结构。哲学有自己的领域，有自己关于永恒的、本身有效的那些价值问题，那些价值是一切文化职能和一切特殊生活价值的组织原则。哲学描述和阐述这些价值只是为了说明它们的有效性。"[①]文德尔班说这番话的本意是将哲学从以实证为特色的自然科学的"围困"中解救出来，从而将哲学归入"价值哲学"的光明之中。但可惜的是，20世纪哲学发展的历史不但没有如他所愿，反而愈加地滑向实证主义、技术主义的"暗沟"里。在这种所谓的理性主义的科学"辖制"之下，以追求大本大源为己任的哲学迫不得已去追踪逻辑、分析、语言这些具体学科的脚步，不得不"降卑"为某些"小工具系统"的"供应商"。而对于自由与民主、正义与良知、侵略与战争这样重大的社会问题却反应迟钝。令人尤其不解的是，那些"人命关天"、需要"大智慧"才能解决的问题竟然不在哲学家的研究范围。然而，即便哲学这样"降卑服侍"，依然跟不上具体学科的飞速发展。再加之"步履蹒跚"的哲学再被后现代"忽悠"了一把，越发找不到中心，越发没有整体感，哲学的轮廓日渐模糊，精神也日益虚无，简直是"碎片"都剩不下了。难怪很多哲学家连连惊呼哲学已经终结，已经没落！我们不禁感叹，20世纪人类科技文明何等的发达，然而我们的哲学、我们的"智慧之学"又是何等的荒凉！

综上所述，价值的概念不但是人们寻求共识、达成合作时首先要使用的思

---

① 文德尔班.哲学史教程（下卷）[M] 罗达仁，译.北京：商务印书馆，1997：927.

维工具，而且也是人类走出困境、寻求人生意义的必经之途，更为重要的是，它可能是未来哲学的一种新的形态——价值哲学，即所需要的第一块奠基石。一言以蔽之，价值的概念是一个亟待深化、细化、具体化、科学化的概念。

2.1.2 价值的定义及语言表达探索

笔者认为，价值是某一价值评价主体所认为的价值客体对于价值主体所预设的价值目标的满足作用。这一概念既包括了价值评价主体、评价主体的认知、价值主体、价值目标、价值客体五个实体要素，同时也包括了价值评价主体与被评价对象的关系、价值目标与价值主体的关系、价值主体与价值客体的关系、价值客体与价值目标的关系这四重关系要素。从这一定义可以看出，价值并不是一个简单的概念，而是有着复杂内在逻辑结构的概念，它是一个包含着诸多实体要素和关系要素的概念（见图2-1）。

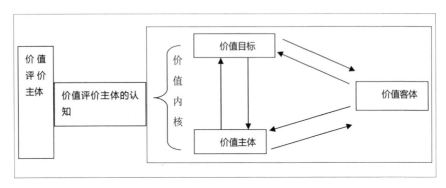

图2-1 价值概念的逻辑结构示意图

（一）价值概念的逻辑结构分析

1. 价值是一个具有双层结构的概念

价值的概念包括两个层次：第一个层次是概念的内部层次，第二个层次是概念的外部层次。在第一个层次当中，价值由价值主体、价值客体和价值目标这三个实体要素以及这三个实体要素之间的关系共同构成，这三种实体要素和三种关系要素共同构成价值内核。在第二个层次当中，价值由价值评价主体、评价主体的认识和评价的对象构成。价值内核类似于价值评价的"内容"，它被巧妙地"镶嵌"于评价主体的评价之中。

价值从其功能来说，是某个评价主体认为某一客体对于主体目标的满足程度，也就是价值的内容是由某个价值评价主体主张的，具有主观性。价值评价主体单独地"悬浮"于其所评价的内容（价值内核）之外。现实中人们所说的某事物具有某种价值，其实都是某一评价主体的主观认识。将价值评价主体单独列出来，有助于人们正确理解为什么对于同一件事会存在不同的价值。

2. 价值是一个有五个实体要素的概念

笔者认为价值这一概念当中总共有五个不同的实体要素，亦即在价值内核中，价值主体和价值客体之外还存在价值目标这一要素。价值主体与价值主体的目标不是同质的，价值主体是由个人、集体或国家来担当的角色，而价值目标则是这三种不同的主体所要达到的状态。一个主体可以有不同的价值目标，不同的主体可以有相同的价值目标。同时，在价值外层结构中，还有价值评价主体和主体的认知这两个实体要素，主体的认知是连接价值评价主体与评价对象的中介，是评价主体、揭示评价价值内核的必由之路。

3. 价值是一个包含四种关系的概念

学界一直有价值"关系说"，即认为价值是主体与客体之间的关系[①]。这样的概念结构中只包含一种关系，即主体与客体之间的关系，一般用"实践关系"来概括。而这里所述的"五要素说"则具备四种不同的关系：在价值主体与价值客体之间是"满足－利用"关系，在价值客体与价值目标之间是"需求－提供"关系，在价值主体与价值目标之间是"追求－引导"关系，在价值评价主体与价值内核之间是"评价－被评价"关系或"认知－被认知"关系。

特别值得重视的是，现在很多学者在事实与价值相区分的前提下来看待价值，但从这里的定义来看，价值与事实是紧密地互相粘连在一起的，因为一方面价值概念中也包含着事实的因素，另一方面，单一存在、不与价值主体发生关系的事实无所谓价值事实，也是不能纳入价值结构的，价值必须以一种与事实的相关性才能体现出来，否则不能被认为某事对某人有"价值"。

（二）价值的语言表达式探究

从前面的价值定义和逻辑结构来看，价值并不是一个单一含义、单一构造的概念，其复杂的特性使得语言表述显得异常繁复。而由于我们日常语言只能

[①] 王玉樑. 当代中国价值哲学 [M]. 北京：人民出版社，2004：307.

像流水一样"线式"地表达，它不能像建筑一样立体地描绘出价值的复杂结构和丰富内涵。人们在进行价值判断的时候常常只说出其中一部分信息，而另外一些信息则被隐藏于"无须多言"的共识之中。正是由于语言的简略，才造成人们认识上的分歧。因此，笔者认为应当将这些"信息残骸"进行还原，从最为原始状态的语言表达中开始寻找"价值的踪迹"。

颇为耐人寻味的是，这些"信息残骸"如果不进行"还原"处理的话，它们往往成为阻碍我们思维前行的"暗礁"。例如，对于"善"的问题，摩尔的论述显然就是被这些语言的"暗礁"给"搁浅"了。摩尔认为："怎么给'善'下定义这个问题，是全部价值哲学中最根本的问题。"但什么是"善"？怎么给"善"下定义？摩尔回答说，他的答案也许是一个非常令人失望的答案。"如果我被问到什么是'善'，我的回答是"善"就是"善"，就此了事。或者如果我被问到怎样给'善'下定义，我的回答是不能给它下定义；并且这就是我必须说的一切。"[①]摩尔之所以既认为"善"是伦理学的根本问题，但又没有给"善"下定义，其重要原因在于他是"就'善'谈'善'"，将"善"看成可以脱离价值主体、价值目标、价值客体的，而且还忽略了评价主体的独立的存在。按照本书的还原法，"善"的命题应然分解为"善"是"何者之善""它对于何者为善""对于何种目标为善"，以及"何者认为这是善的"这四个价值分命题。

依照语言还原法所提供的思路，可以将价值的表达大致分为完整的表达和简单的表达。完整的表达可以显明价值的基本内涵，但比较啰唆；而简单的表达则是人们常用的方式，但这种简单的表达却将价值概念的重要因素省略了，以至于经常使价值因含混不清而多有歧义。

1. 价值的完整表达式

个体价值的完整表达式：我认为｛法律可以保障人们得到自由｝。

共识价值的完整表达式：我们都认为｛法律保障人们得到自由｝。

这两个表达式包括了价值结构中所有的要素，价值外层结构是评价主体"我"，主体的认识活动是"认为"，价值的内层结构是价值内核，包括价值目标"自由"、价值主体"人们"、价值客体"法律"及三者之间"保障"人们"得到"所欲想的"自由"之间的关系。

---

① G E 摩尔. 伦理学原理 [M]. 陈德中，译. 北京：商务印书馆，1983：11-12.

2. 价值的简单表达式

价值的简单表达式 1 ：法律具有使人得到自由的价值。

价值的简单表达式 2 ：法律有自由的价值（或者：法律的自由价值）。

价值的简单表达式 3 ：法律是有价值的（或者：法律是好的，法律是善的）。

价值的简单表达式有两个特点：一是将评价主体及其认识的方式省略，因为人们在表达价值判断时往往无须说出是谁在这样评价，而将这两个共识性的意思隐含在说话的前提里；二是将价值内核所表达的复杂内容简单化，进一步省略价值主体，而将在客体作用下所达到的价值目标作为价值客体具有的属性或者功能，甚至笼统地说某一价值客体是好的或是坏的。

综上可见，从价值概念的内涵和语言表达来看，价值的确是一个内涵丰富、结构复杂、表达多变的概念。价值的"真实面貌"是一个存在于主客体之间及其相应关系之中、虚实结合的概念。如果我们对于它的内涵只有片面的理解，就会要么把它归于主观世界，要么把它归于客观世界，或者将它归于"关系"，但无论如何，这样片面的理解都是枉然。同样，如果我们对于价值的语言表达不了解，就会被语言的"迷雾"阻挡，或者把价值等同客体的功能，或者把价值当成主体的欲望，或者归为"乌托邦"式超感觉世界。可见，通过语言表述出来的价值虽然在被人们简略、模糊甚至错误地应用，但这些不尽相同的表达反而说明了存在一个统一的、真实的价值概念尚不为人所知，我们需要做的恰恰是借助于语言去探索价值的"本来相"。

2.1.3 新的价值概念所蕴含的契机

从价值概念的内涵来看，价值这一概念不但有可能将本体论、认识论的内容有机地包裹到价值结构之中；同时，也极有可能将分析哲学、存在主义甚至是心理学的最新成果引入其中；通过这一概念的结构来观察，价值本身就是一个综合的体系、一个主客观相互作用的过程、一种评价和认定的交流方式。在这个奇妙的过程当中，主体"携带"着自己的理想与客体"相遇"，而客体的表现、功能和作用都落入另外一个评价主体的评价、行为以及实践当中。通过研究我们发现，价值的确是一个很奇特的概念，它指涉的不是一个具体的、独立存在的事物，它存在于不同事物的作用过程当中，而且在这个作用过程中，它又总是伴随一定的结果，却不是这种结果本身。价值的这种特性很难用语言直接描述，因此笔者只好用蹩脚的比喻来稍作形容：价值很像人的心灵，它时时刻刻鲜活地体现在人的生命当中，但我们又的确不知道它"安置"于我们身体的何处，我们能够感觉到心灵的存在，但我们"拿"不出来。也许这正是价值的奥妙之处，而我们也真的应当像对待自己的心灵一样来寻求价值，使价值与我们的实践同在，这样的生活便有"属灵"的意义。

（一）对冲突怀有一种平常心

本书将价值定义为具有两层结构、五种实体要素和四种关系要素的组合，这样的内涵虽然复杂，但这样定义对于人们正确认识价值差异、价值冲突颇有好处，因为在价值的内在结构中很容易发现价值差异是常态，而价值共识却相对少见。

（1）这一概念显示，主体可以自由地设定价值目标，一个主体可以同时拥有多个价值追求。价值的这一特征可以更清晰地解释不同的价值追求对于同一主体所具有的指导和选择作用。现实中公平与效率的冲突、自由与平等的矛盾，往往是由于人们对于社会模式、前进方向所作的不同选择而造成的。认识到不同价值目标对于同一主体所具有的不同作用，可以使人们更加理性地分析、更加谨慎地决定前进的方向。

（2）这一概念也为价值客体的选择、改造提供具体而明确的方向，使价值客体向主体所欲求的价值目标迈进。从马车到汽车，从汽车到飞机，从飞机到飞船，由于客体的不断改善和升级，人类所获得的自由也随之不断提升。

（3）这一概念还为价值主体之间矛盾的产生和化解提供了有效的途径。相同的价值目标、相同的价值客体，对于不同的主体会起到不同的作用；同样的市场模式，对于发展中国家和发达国家可能会具有不同的效果；有限的资源，在多元的竞争主体之间应当按照公平的原则进行分配，这样有利于主体之间的和谐相处。

（4）它还表明由于评价主体的不同，评价的结果完全可能出现差异。这样就可以提醒我们认识到主体认识的有限性。这份谦虚的态度使我们更容易得到他者的认同以及找到文化的归属。因此，如何使个人的评价具有合理性，如何在冲突中寻求共识，如何在文化多元的格局下求大同、存小异，就成为人类生存必然要面对的一种现实。

（二）重新建构有"价值"的生活秩序

如果尼采的哲学思想可以归结为"重估一切价值"的话，那么本书的核心意图可以归结为"以价值来重新建立和谐的生活秩序"。具体而言，包括如下两个方面：

（1）对于个人生活而言，在人的一生当中，必须树立自己的理想和价值追求，要与外在世界、环境和人群进行交流，还要以自己的行为去与他者进行信息交流、事业合作以及成果共享。人的一生几乎"同时地"构成他者的外在环境而对他者的生活产生影响。一个人不是单单追求自我价值的实现，而是要参与到他者的生活中来。从价值的角度来审视生活，人的一生就是追求价值和体现价值的一生，人的主体性和主体间性在价值结构中被天然地连接为一体，每一个人、每一件事都处于某个价值链当中，人不是作为价值主体、评价主体而存在，就是作为价值客体而存在。为此，每个人都需要以正确的价值体系来建立符合其本性的生活秩序。

（2）在价值的框架中，国家是一个特殊的主体，一方面它是最有实力的价值主体，它与作为价值主体的公民构成一对天然的竞争者。而另一方面，它又是最有权威的评价主体，它是制度的形成者、执行者和裁判者，其地位显然高于公民。在这样的结构下，国家既可能成为人间善业的缔造者，也有可能成为恶业的制造者。为此，国家的价值目标系统就必须审慎地确立，其诸种的价值行为也必须接受有效的监督。又由于国家的价值追求并不必然地公正，因此，在一个国家的宪政体系之内，确立国家伦理、国家价值目标的制度就是十分必要的。这样，国家就不仅是一个地理、人口意义的共同体，而且是价值的共同体，只有共同的价值才能使一定的土地、一定的人口紧密地结合为一个命运共同体（中共十七大报告使用了"命运共同体"概念，"十三亿大陆同胞和两千三百万台湾同胞是血脉相连的命运共同体"，从报告的背景来看，这是从现实亲缘关系的角度讲的，其实更为重要的是要在大陆与台湾之间寻求更多的价值共识，只有达成价值共识，二者才能成为真正和谐的命运共同体）。

（三）价值哲学的新契机

19 世纪中叶的哲学变革中，曾产生过一个引人注目的哲学流派，即新康德主义弗莱堡学派。这一学派的里程碑式人物洛采首先将价值提到哲学的中心位置，他对于价值哲学的重视甚至超过当时显赫的逻辑学和形而上学①。从价值的丰富内涵来看，未来的哲学发展很可能验证洛采的远见卓识。具体而言，价值哲学很可能在如下几个方面给现今荒凉的哲学领域带来新的生机：

（1）价值哲学将成为哲学的主要形态。正如前文所述，20 世纪的哲学，由于沉湎于技术化、逻辑化、精确化的追求，哲学"王冠"上的"美"与"善"被粗暴地剪下，只剩下"真"的缨冠②，从而丧失了对于生命的关怀和对于生活的引导功能。显然，这样的哲学形态难以完成历史的托付，为此我们必须重新寻找哲学未来的发展方向。在未来的哲学里，我们希望能够找到一个完整的、和谐的价值结构体系来妥当地摆放不同类别的客体、主体及其目标；同时，我们还期待对客体的研究、运用和实践能够服从于主体的价值追求；更为重要的是，要让主体的价值追求保持善良、光明、正确的方向。从某种程度来讲，价值内核中所呈现的三角形结构可以看作未来哲学的"微缩景观图"。

（2）未来价值哲学将更加强调价值共识。由于评价主体的评价内容受到不同因素的制约，因而不同评价主体的意见会相距甚远。如何克服不同主体之间的差异，如何在不同的团体和组织之间实现各自需求、达成和谐共识、促进共同事业发展，就成为当代哲学需要解决的难题。如果我们能够拥有一个共同的价值目标，又具有相对丰富的价值手段，并且在不同的主体之间又有足够的宽容制度能够达成共识，特别是在制度形成之前，也就是在公意达成之先，个体的价值评价可以有效地吸收、转化到制度当中，不同的主体、不同的利益团体之间就可以达成妥协。这样，人类和谐共处、弟兄和睦同居的大同社会就是可以期待的。

（3）价值哲学将为自然科学与社会科学和谐相处搭建平台。"价值"与"事实"的鸿沟使得社会科学与自然科学成为两个互不相关、互相排斥的营垒；由于研究对象和研究方法的不同，我们一方面将价值从科学事实中"排挤"出去，另一方面又对社会学科"吹毛求疵"，要求社会人文科学要像自然科学那样实证和精确。而如果我们走进价值哲学，就会发现自然科学与人文社会科学是如此的"相濡以沫""两情依依"，因为即便在一个最小的价值单元里，自然科

① 文德尔班.哲学史教程（下卷）[M].罗达仁，译.北京：商务印书馆，1997：927.
②H 赖欣巴哈.科学哲学的兴起[M].伯尼，译.北京：商务印书馆，1991：241.

学所提供的工具系统与社会科学所提供的目标系统都不可分离地共存，人的意志自由与纯粹客观世界的准确简直是一对"互相依恋"的"情侣"，社会科学的人文价值与自然科学的科学理性可以完美地结合在一起。

综上，我们不能将"价值"这个基本概念"轻看"了，认为价值是个虚无缥缈的幻影[①]；同时，我们也不能将价值这个基本概念"小看"了，从而只满足于在现代哲学框架下增加一个具体的分支学科；我们更不能将这个基本概念"忽略"了，甚至将它"排挤"出以理性和实证为标志的科学视域。恰恰相反，如果我们基于价值概念所特有的内涵，就会发现这个概念带给我们的强烈震撼——它的内涵是如此丰富，架构如此宏大，它竟然可以将人的意志、人的行为以及外在的整个世界紧密地联系在一个概念结构之中；而更加令人惊喜的是，这一概念所具有的复杂结构也可以将传统哲学的几个理论"板块"有条不紊地一一嵌入其中，并且还可以将它们有机地连接在一起：本体论用以解决对于主体和客体内在属性的探究，认识论侧重于研究主观要素对客观要素的认识、表达、评价及利用过程，而实践论则可用于在主体、目标和客体之间不同的关系类型上不断拆毁旧的事实、建构新的事实。对于现实中的各种冲突而言，借由价值概念所指明的冲突分类和对立根源，就可以借着价值共识、价值交流和价值共享而被有效地消除。可以想见，在生活中，如果我们与敌人达成了价值共识，敌对和仇恨就有可能转化为友好共处；在哲学当中，如果引入正确的价值理念，哲学的王国就可能是统一而完整的，而且哲学与自然科学的关系也会因恢复"精神与肢体"的关系而变得十分美好。可以相信，未来的价值哲学是值得我们期待的。

2.1.4 国家价值观及国家生态价值观

（一）国家价值观概念的界定

国家价值观是国家作为评价主体和价值主体，对所拥有的价值客体对自身价值目标之满足作用程度所持有的总的观念体系。

[①] 如文德尔班、李凯尔特等为代表的新康德主义者就认为，价值是处在客体与主体的彼岸的东西，它不具备实在性而只有意义性，它是一种虚无缥缈的现象，但它却是人类文明所不可或缺的。卓泽渊. 法的价值论 [M]. 北京：法律出版社，1999：15.

第一，国家价值观的评价主体。

国家价值观的评价主体是国家。现实中，国家经常在其国家正式发表的国书、政府工作报告、白皮书、司法判决中来阐发价值观。

第二，国家价值观的价值主体。

国家对不同的主体具有不同的价值观。一般来说，国家的价值主体包括两种情况，一种情况是国家，另外一种情况是公民。在国家实行政教分离的情况下，国家的价值主体就主要指这两种。

第三，国家价值观的价值目标。

国家的价值目标中包括不同性质的目标，而且这些目标经常形成一个有不同层次的价值目标，包括国家的终极价值、非终极价值，二者之间的界线不一定很清楚，前者一般包括正义、和平、秩序等，后者包括民主、平等、富强、效率等。在不同的国家里，这两种类型的价值目标及目标的内容是各不相同的。

第四，国家价值观的价值客体。

国家的价值客体，指的是凡能够为国家所利用的所有资源，包括自然资源和社会资源，如土地、矿藏、海域、森林等自然环境以及公民、各种组织、文化体系、法律制度、道德习俗等社会环境，前者为硬资源，后者为软资源。

（二）我国宪法中的生态价值观

2018 年 3 月 11 日，十三届全国人大一次会议通过了宪法修正案，在《宪法》序言中规定："国家的根本任务是，沿着中国特色社会主义道路，集中力量进行社会主义现代化建设。中国各族人民将继续在中国共产党领导下，在马克思列宁主义、毛泽东思想、邓小平理论、'三个代表'重要思想、科学发展观、习近平新时代中国特色社会主义思想指引下，坚持人民民主专政，坚持社会主义道路，坚持改革开放，不断完善社会主义的各项制度，发展社会主义市场经济，发展社会主义民主，健全社会主义法治，贯彻新发展理念，自力更生，艰苦奋斗，逐步实现工业、农业、国防和科学技术的现代化，推动物质文明、政治文明、精神文明、社会文明、生态文明协调发展，把我国建设成为富强民主文明和谐美丽的社会主义现代化强国，实现中华民族伟大复兴。"

2.1.5 国家生态价值观在人类命运共同体中的作用

国家生态伦理价值观，表明了国家作为价值主体对生态管理和建设的优先选择次序。国家生态伦理价值观在形成人类共识、促进人类共同行动方面具有突出的作用，这种作用在建设人类命运共同体方面不容忽视。

（一）凝聚形成生态共识，促进生态建设共同行动

1. 以国家生态价值观凝聚人类生态共识

在生态环境方面建构人类命运共同体，首先要形成人类共识，以共同的认知带动共同的行动。国家生态价值观一般通过生态价值选择和生态价值排序决定一个国家生态治理政策及生态保护法律，通过显性的制度机制形成有效的社会共识体系。

2. 以国家生态伦理价值观概念促进人类共同行动

共同的生态伦理价值观表达了人类对生态环境的共同认知，只有形成这样的价值观才能带来共同的生态治理行动，通过人类整体的生产和生活，最终将自然环境和人文环境建设成为美丽宜居的生态环境。

（二）人类从以自我为中心的价值观向尊重自然的回归

人类自从进入工业文明以来，就开始贪婪地向大自然索取各种资源，同时又毫不顾惜地将废气、废水、废物排放到大自然中。人类的这种破坏性的发展模式是非常自私、贪婪的，而且也是非常无知、傲慢的。

1. 死亡定式：以自我为中心的生态伦理价值模式

以自我为中心的生态伦理，是指以自我利益为至高价值，以制度所有权为操纵工具取得法律的合法性，以不承担责任或者承担很少责任赚取巨额收益为生意经，以军事霸权为后盾的生态伦理。生态资源在全球分布不均衡，这种模式在早期由于生态环境的承载量尚有余力，以及发达国家用转嫁生态危机的方式把污染转移出去，造成的结果是"自己干净别人脏"。而到工业文明后期，特别是全球化浪潮以后，生态环境的承载量渐渐耗尽，转移出去的危机又以更隐秘的方式翻转而回。高温、酸雨、水灾、台风、飓风、大火、动植物濒危，几乎把全人类都卷进生态危机之中。生态危机的到来，为人类敲响了警钟，如果人类的生活方式再不改变，将来地球上的生活就会像地狱一般痛苦[①]。

---

① 大卫·雷·格里芬. 空前的生态危机 [M]. 周邦宪，译. 北京：华文出版社，
2017：15.

2.悔改转机：向尊重自然转向

在生态的末日到来之前，人类如果放下自私和贪婪，以谦卑和感恩之心去探索自然规律、尊重自然规律，按照自然规律使用自然资源，按照自然规律恢复自然的话，人类就还会有一线生机。在人类命运共同体的模式下，需要每个国家都能践行绿水青山就是金山银山的理念，坚持人与自然和谐共生，坚守尊重自然、顺应自然、保护自然。节约资源、保护环境、节约优先、保护优先，坚定走生产发展、生活富裕、生态良好的文明发展道路。健全源头预防、过程控制、损害赔偿、责任追究的生态环境保护体系。统筹山水林田湖草一体化保护和修复，加强森林、草原、河流、湖泊、湿地、海洋等自然生态保护。建立生态文明建设目标评价考核机制，强化环境保护、自然资源管控、节能减排等约束性指标管理，严格落实企业主体责任和政府监管责任，实行生态环境损害责任终身追究制和企业环境损害责任无限追究制。

2.2 生态环境论域下道德与法律关系辩证与合一

2.2.1 道德与法律关系理论的重要性

道德与法律的关系问题，不论是在哲学、政治学上，抑或是在法学上，都是长久以来人们纷争的焦点。历史上不同观点之间的激烈争论持续了两千五百多年，从我国先秦时期的儒法之争到我国目前的法律与道德之争，从西方自然法学派与实证法学派之争到"二战"后富勒与哈特的论战，无不围绕道德与法律的关系而展开[①]。在这一问题上之所以形成如此长久的争论，与这一问题本身的重要性直接相关。从宏观上看，这一问题的重要性至少体现在如下三个方面：第一，从本质上来看，这一问题是一个既定国家进行国策选择的重要价值手段，是"以德治国"还是"依法治国"，以其中之一为重还是二者并举？质言之，法律与道德的关系是决定"法治"与"德治"战略方案的关键要素。第二，这一问题之所以重要，还在于它会影响到我们将建立怎样的伦理学和怎样的法学，是彼此独立、互相封闭还是互相渗透、互相支持的两个学科。简言

---

① 吕世伦. 现代西方法学流派（上卷）[M]. 北京：大百科全书出版社，2000：63，221.

之，法律与道德的关系影响到两门学科的前途方向、体系构成、研究方法。第三，这一问题还会直接影响到法律体系与道德体系的建构，是建构两个界线清晰、互不相关的规范体系，还是建构两个互相融合、互相配合的规范体系？与上面三个方面的重要性相连，更具有深远意义的是，这一问题还会影响到我们未来的社会风貌，我们将生活在"民免而无耻"的社会，还是生活在"有耻且格"的社会？

因此，道德与法律的关系问题必须十分慎重地考虑，并加以科学论证。本书所要阐明的问题：第一，道德与法律是不是互相矛盾或互相冲突的，二者是不是非此即彼的关系？第二，道德与法律两者如果是对立统一的关系，那么如何调适二者之间的关系？

2.2.2 道德与法律关系的历史考察

（一）中国路径：德法合于礼、以德为主、强德弱法

自古代以来，乃至近现代以来，我国一直是一个农业文明的社会，社会的经济基础和分工结构共同决定了我国特定的历史逻辑：自然经济和熟人社会共同构成了一个家国同构的伦理型社会。在处理家族或国家问题时，人们习惯上以道德伦理为第一选择，而不是以法律作为首选方式①。只有在道德教化不足以解决矛盾时，才"出礼而入刑"。在中国传统社会，儒家的道德观念和儒家的法律观始终占据主要的意识形态。孔子认为，对一个国家的治理，既要靠法律的严厉制裁，也要靠宽容的道德教育。要"道之以政，齐之以刑，民免而无耻。道之以德，齐之以礼，有耻且格"。与儒家持不同观点的法家主张在"争于气力"的时代，应"以法为本""以法治国"，使法律可以"兴功惧暴""定纷止争"，治国策略上更要"以吏为师""以法为教"。"万事皆决于法"的法治思想只在秦统一前后盛极一时，而随着秦的灭亡，人们不再接受"以法治国"思想，法律的威严与地位一落千丈。但与这种表面上的"寂寞"相应的是，法律从"显学"走向"隐学"，以"低调"的姿态与道德达成微妙的妥协，即形式上的"简约"与内容上"引礼入法"并行不悖。从汉至清，在道德与法律的关系上，一直以"德本法末""明儒内法"为主导思想，"明德慎罚""德主刑

———————————

① 费孝通. 乡土中国·生育制度 [M]. 北京：北京大学出版社，1998：31-36.

辅"基本上反映了人们对于道德与法律关系的稳定认识。进入近代以来，由于列强在政治、经济和军事上的侵略，我国传统法律体系几乎全部断裂，但传统的道德体系却依然顽强地存在，特别是在没有创建新的完备的法律体系的情况下，我国实现了从近代到现代的艰难过渡。在这一宏大而纷繁的历史背景中，通过中国共产党的革命实践，形成了中国特有的革命道德，正是在这种新的价值观的直接参与和全面影响下，我国取得了国内革命战争、抗日战争和解放战争的胜利。1949年新中国成立以后，我国开始了以模仿为特征的法律建构，初步形成了以宪法为核心的法律体系，但随着与苏联外交关系的断裂及国内政治形势的变化，新的法律体系的建构中途"夭折"。在此期间，革命道德难以独立支撑，道德无序和法律虚无呈现恶性循环的趋势，道德的发展与法律的发展同样处于危难之中。

（二）西方路径：德法分设、以法为主、强法弱德

在西方文明的两个发源地希腊和罗马，商业文明源远流长。在人们的交往中，首先需要解决的是如何确立与商品交换相适应的行为规范。因此，反映这种生产方式的契约伦理应运而生。而与此种伦理结构相对应的是以民法、商法为主体的法律制度。因此，法治的思想从柏拉图以来便成为西方先哲们的共识，而各个主权国家又不约而同地将法律作为主要的社会治理手段。在法治的有力保障下，资本主义在西方迅速兴起，在不到二百年的时间里，从自由资本主义时期进入垄断资本主义时期。与西方这种稳定而长久的法治文明相适应的是，法律至上、法治国家的理念深入人心。从西方主要法治发达的国家之宪法发达史中可以看出，律法和诫命形成了最初的道德观念并演变为后来的法律制度价值观，西方传统的道德观念如公平、正义、平等、自由等核心道德原则和理念源源不断地进入宪法文本当中，借助于宪法的最高权威，这些法律基本价值再度转入民法、刑法、诉讼法等具体的法律部门当中，以不同等级的法律规范形式体现出来[1]。在这样的法治格局下，道德传统的力量也必须借由法律的途径才能对现实产生影响，道德因此成为隐身于法律规范当中的道德。在西方历史中有一些特殊的历史时期甚至出现道德被法律驱逐在外的现象，这样道德就完全成为法律的附庸。

---

[1] 托克维尔.论美国的民主（下卷）[M].周明圣，译.北京：商务印书馆，2004：537.

因此，在西方出现实证主义法学和社会法学与自然法学的论战也绝非偶然。与此"强法弱德"的模式相适应的是，出现了利益争战、"恶法亦法"等道德失范、道德沦丧现象，这是这种过度法治模式的必然代价[①]。可见，西方在道德与法律的关系上也是走了一条有得有失的路，这样的历史同样需要深刻反思。

从现象层面上来看，在古今中外的历史上，既出现过道德与法律相对协调的时期，也出现相对立的时期。在我国体现为短暂的德法对立和长期的德法结合。由于过于强调德与法的融合而造成两个系统的互相捆绑和限制，在二者之间没有足够的发展空间，最终导致道德、法律体系都没能达到完善的程度。在二者之间的关系上，我国过于看重道德的作用，忽视法的巨大功能。而对于西方来说，在中世纪，当基督教伦理与国家政权合二为一的时候，道德、法律也曾紧密结合。但在启蒙运动之后，法律也从基督教伦理中解放出来，走上相对独立的发展道路，其直接后果就是道德和法律之间出现了距离，而且距离愈来愈大，最终使道德失去了对法律的控制能力。随着法律的溃败，道德亦走向虚无。在德法关系上，西方的经验是法律与道德相分离，这样二者可以各自有一定的发展空间，但教训则是二者的过度分离造成体系之间断裂乃至精神的背离。西方传统的成功在于重视法律体系的完备性建设，失败则在于忽视道德体系的重大作用。总之，历史证明，法律与道德既不能过于融合，也不能截然分开，不能互相独立、不能互相看顾的法律与道德迟早会走向歧途。

通过上面的历史回顾可以看出，中西方不同的路径说明了道德与法律的微妙关系。道德与法律之间的关系是复杂的，二者之间或和谐或对抗的关系都会对现实产生重大影响。当法律以道德为方向引导、道德能够辅之以支撑力量的时候，法律的正当性就强；相反，当法律背离道德需求时，法律就会受到人们的质疑。同样，道德有法律作为实施的最终后盾时，道德的作用就得到彰显，而法律软弱不足以支持道德时，道德的作用就涣散，就会出现道德沦丧的现象。历史经验证明，道德的昌明与法律的公平互为条件，道德的沦丧则与法律的失效互为表里。

---

① 罗斯科·庞德. 法律与道德 [M]. 陈琳琳，译. 北京：中国政法大学出版社，2005：57-120.

2.2.3 道德与法律关系的理论建构

前面对道德与法律关系的历史性分析表明，在道德与法律之间关系的历史维度上，二者之间构成了辩证统一的关系。在人类所走过的路程当中，法律与道德始终是相伴而行的，道德与法律之间时而相交时而相离的状态，恰恰表明它们有很强的功能互补性和结构亲和性。不论是我国的历史还是外国的历史，至少说明道德与法律一直是共存的，而且有可能是协调共荣的，道德与法律的关系并不是非此即彼的互相否定关系。因此，进一步而言，道德与法律之间的关系需要在如何共存共荣、如何互相调适这一更现实、更深刻的问题域中展开。

在人文社会科学领域里，马克思、恩格斯倡导的历史与逻辑相统一的研究方法是学者们普遍采用的，借助这种有效的理论工具，不但可以使我们从普遍现象中抽象出客观规律，同时也可以用得出的结论来解释历史现象，进而还可以在此基础上进行各种制度的构建。在历史与逻辑的辩证统一关系上，逻辑的研究方式"无非是历史的研究方式，不过摆脱了历史的形式以及起扰乱作用的偶然性而已"[①]。以下笔者将在逻辑方面展开分析，即以抽象的、逻辑的方法来分析二者之间的关系，以求得对道德与法律之间关系的更深刻、更丰富的理解和认识。

笔者提出如下两个理论观点：第一个观点是道德－法律关系的二维结构理论；第二个观点是道德－法律关系的四阶段理论。前者是将道德与法律放在一个共同的问题域中来剖析，在同一个语境下，全面罗列二者之间可能存在的关系，求证出二者之间关系的冲突或者和谐状态；而后者则是将二者的关系置于一个不断推演的时间序列当中，在这个由法律的产生、确立、运用和改善所标示的法治序列里，考察道德对于法治建设所具有的不同作用。特别需要说明的是，第一个理论和第二个理论还可以动态地叠加起来，形成道德与法律关系的时空三维结构，借助这个三维结构可以清晰地观察出道德与法律这两个要素如何随着历史的变化而彼此消长。

[①]《马克思恩格斯全集》第 46 卷上，第 45 页。转引自李光灿，吕世伦. 马克思、恩格斯法律思想史 [M]. 北京：法律出版社，2001：760.

（一）道德 - 法律关系的二维结构理论

将道德与法律作为两个不同的变量进行交叉就得到一个二维的坐标系（见图 2-2）[①]。这个坐标系的纵坐标是道德，上半部代表合道德的行为，下半部代表不合道德的行为；横坐标是法律坐标，右半部代表合法的行为，左半部代表不合法的行为。在道德与法律交叉的二维空间里，人们的行为可能出现四种情形。

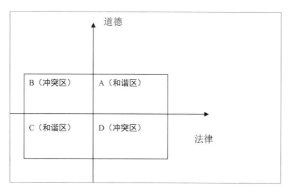

图 2-2　道德 - 法律二维结构理论示意图

1. 在道德与法律之间存在对立与统一

任何一种行为都可能同时受到道德规范和法律规范的双重调整。由于道德与法律本质的相异性，造成法律与道德成为两种不同的判断标准。当道德与法律取向一致的时候，二者的判断结果是一致的，如 A 区域的行为获得法律和道德的共同肯定，而 C 区域的行为则受到道德与法律的共同否定；而当法律和道德的判断不一致时，一个行为就会出现互相矛盾的判断结果，如处于 B 区的行为合道德但不合法，而处于 D 区的行为则合法却不合道德。这两种情形的存在就说明道德与法律可能存在相互冲突。

---

① 值得特别说明的是，法律和道德这两个轴是可以调整的：一方面，法律轴可以上下移动，代表法律支配的范围可以根据情况而不断调整。一般而言，法律是以道德的底线为标准的。另一方面，道德轴也可以左右移动，表示道德对法律的参与程度的变化。从实践来看，道德对法律的参与程度在历史的不同时期里、在不同的法系里呈现不同的变化趋势。

2. 道德与法律在人的行为上同时相遇

道德和法律共同作用于同一目标，即人的行为。不论是道德还是法律，都通过人的内在意志选择和外在行为表达、表现才转变成一种事实。由于人的每一个行为都受道德和法律的双重支配，因而道德与法律之间的关系呈现二维交叉关系。一方面，法律是由人制定的，不同的立法者有自己的道德观念和伦理追求，这样就决定法律也必然反映立法者的价值观；另一方面，法律也是作用于人的，而人则是具有某种道德感的生命个体。因此在法律的制定和实施的整个过程中，势必会与道德相遇，道德在法治实践的这一过程中始终在场。所以，法律必须正视道德因素存在的现实。进言之，法律必须以道德为其内在底蕴，并以此来获得正当性；反之，没有道德支持的法律是不可能存在的。

3. 道德与法律在作用于人的行为方式上有明显界分

从规范的强制性程度来讲，道德规范的实质是行为的可选择性，道德规范一般采取"应该如何"的语式，这种语式往往代表规劝和建议，被建议的一方既可以选择接受，也可以选择不接受。而法律规范的实质则是行为的不可选择性，法律规范一般采用"必须如何"的语式，这种语式代表的则是一种"不得不如何""否则便如何"的压力。相对于人的行为来说，道德是内在的"软"约束，而法律则是外在的"硬"约束。与此相应的是，法律表现为国家制定或认可的，以国家强制力保证实施的规范体系；而道德则是人们内在的良心的约束，它并非一定要以国家统一制定的形式存在，它可以习惯、纪律、道德原则等不同形式存在于个人的良知和公共舆论当中。

4. 道德与法律的互持且共在性平衡

某一行为在道德与法律的双重标准判断之下，可能形成四种结果：合道德且合法的行为、合道德但不合法的行为、不合道德且不合法的行为、不合道德但合法的行为。当道德与法律取向一致的时候，我们需要坚持并尽量稳定；当道德与法律都禁止的时候，我们应当放弃这种非法或者不符合道德的选择；当道德与法律矛盾的时候，我们应当进行适当调整。调整时需要首先考虑道德的善恶，对道德为善的行为法律就不应禁止，而应鼓励；对道德为恶的行为法律就不应褒扬，而应批判，因为道德既是法律正当性的来源之一，也是对法律进行评价和改进的动力。但在法律生效之后，道德则应以遵纪守法为其本身的行为规范，在法律适用的各个环节上以道德的方式促进和保障法律的实施。

由此可见，不论是道德还是法律，都是一种规范的存在方式，二者都会对人们的行为产生一定的影响。因此，在现实世界里，不存在纯粹单一的道德之治或法律之治。不论是道德之治还是法律之治，都是治国之策的一种选择。二者不是绝对的对立、排斥、非此即彼的关系，而是相容、相持、互相补充的关系。一方面，道德构成了法律正当性的基础，道德是法律的灵魂，另一方面，法律是实现道德之治的必由之途，法律是道德的忠实守护者。道德与法律确"如车之两轮、鸟之两翼，一硬一软、一显一隐，共同对建设社会主义市场经济的实践发挥重要作用"①。"德法互动是以道德与法律的内在联系为前提和基础的，同时又因为两者彼此区分开来的独特个性而成为可能，获得意义。因此，我们一方面认同自然法关于道德与法律具有深刻的内在联系的观点的合理性，另一方面，也不否认分析法学强调法的独立和形式性特征的意义，而将二者统一于社会实践包括道德实践和法律实践之中。"②

（二）道德 - 法律关系的四阶段理论

由于道德和法律这两种规范共同作用于人的意志和行为，因此在人们进行选择时，往往发生内在的冲突：当一项法律与个人的价值观相冲突的时候，是听从道德良心的声音还是服从法律的规制？在历史上人们对此考虑往往一概而论、笼统而论。笔者认为这个问题可以用问题还原和情景对应的方法来求解，亦即首先将问题还原成"当道德与法律在发生冲突的时候，究竟以哪种规范为上？"其次，罗列几种典型的冲突情境，在具体的情景当中，将道德与法律两个要素摆放到里面去，看一看究竟是哪一种规范为上。这种分析方法可以看作道德与法律冲突在时间序列的展开，也可以看作对上述二维结构理论的纵向挖掘（见表 2-1）。

---

① 罗国杰.罗国杰自选集 [M].北京：学习出版社，2003：306.
② 唐凯麟，曹刚.论道德的法律支持及其限度 [J].哲学研究，2000（4）：62-68.

表 2-1 道德 - 法律关系四阶段理论解析表

法的阶段	1. 立法阶段	2. 执法阶段	3. 司法阶段	4. 反思阶段
参与主体	立法主体与立法参与人	行政主体与行政相对人	司法主体与司法参与人	各种评判主体
阶段任务	制定法律规范	运用法律规范进行选择和判断	运用法律规范进行事实判断	修改或废除法律规范
道德与法律关系内容	以道德规范引导法律规范的制定、指导立法，以法律规范形式落实道德主张	以法律为唯一判断标准，道德通过作用于法的各种主体，配合法的实现	以法律为唯一判断标准，道德通过作用于法的各种主体，配合法的实现	以道德为标准之一，评价法律，修正法律的不公和低效之处
道德与法律之主辅关系	道德为主，法律为辅	法律为主，道德为辅	法律为主，道德为辅	道德为主，法律为辅

1. 立法阶段：道德为上

在这一阶段，道德应当成为立法所要参照的标准，法律本身的正当性不能来源于其自身，而只能来源于道德，因此它必须服从于道德。换言之，不符合道德的法律是没有权威的[1]。在这一阶段，关键要解决两个问题：一是将哪些道德规范法律化，这一问题指向了道德法律化的限度；二是通过何种技术手段将道德法律化，使法律能够以特有的技术反映道德的要求并落实道德的主张。从法律体系而言，法律的价值、基本原则和具体规范都是道德渗入法律的有效渠道，通过价值引导[2]、原则设定[3]和条文规范确认，使抽象的道德原则转变为具体的法律操作技术。

2. 执法阶段：法律为上

由于道德的要求已经在第一阶段纳入法律规范当中，因此在这一阶段应以法规范为唯一标准，而不是将道德与法律并列起来，在作为判断标准的意义上，法律成为首要的也是唯一的标准。在这个阶段，道德则成为法律实施和运用的辅助，而不是主宰或进行过多的干预。但在这一阶段，道德的作用依然是存在的，因为道德可以对执法者和守法者的内心起到潜在的作用。从一般规律来讲，

① 富勒.法律的道德性[M].郑戈，译.北京：商务印书馆，2005：213.
② 彼德·斯坦，约翰·香德.西方社会的法律价值[M].王献平，译.北京：中国人民公安大学出版社，1990：38.
③ 迈克尔·D贝勒斯.法律的原则——一个规范的分析[M].北京：中国大百科全书出版社，1996：13.

个体的道德水平高，执法就会很顺利，反之，法律的实施就会遇到很多障碍。

3. 司法阶段：法律为上

在这一阶段，道德同样是法律实施和运用的辅助，而不是主宰。由于法院是实现法治的重要机构，因此，这一阶段也应以法律至上为根本准则。道德的不明确性、不严格性应让位于法律的明确性、准确性和严格性，这一阶段道德应当保持中立，而不应当直接介入，特别是不能作为案件的判断依据，形成法外之法。但道德在这一阶段并不是无所作为，它可以通过法官、检察官的职业道德及诉讼参与人的社会公德系统产生潜在而间接的影响。

4. 立法、执法及司法之后的反思阶段：道德为上

这一阶段通常为人们所忽视，但这一阶段却是至关重要的，它是整个过程的必要连接和更新机制。虽然目前有的国家已经开始了对立法评估的探索[①]，但总的来讲，这一必要阶段在现有的法律体制当中还远远没有成熟，甚至还没有明显或者特别的制度性标志。但这种现实本身并不能否认人类理性的可错性，同时这种现实也不能遮蔽人类进行更高合理性追求的理想。这一阶段的主要任务是对法律整个体系进行评价，并在此基础上对已有的法律进行完善。在这一阶段，对法律进行评价的标准仍然应当来自道德，合理性高于合法性。在通常意义上来讲，公正、自由、平等、宽容、效率等价值是人们经常用来批判、检验法律制度的标准。

由此可以得出，道德与法律的关系不是一成不变的，在法律的不同阶段，道德会以不同的方式参与法治的建设过程。因此，我们在谈论道德与法律的关系时就不能简单、片面地说"道德至上"还是"法律至上"。同样道理，在谈论"以德治国"和"依法治国"时，也应当注意到道德与法律的相容或相持关系，简言之，"以德治国"并不是对"依法治国"的否定，而是对"依法治国"的有益补充；反之，"依法治国"也不是对"以德治国"的颠覆，而是对"以德治国"的必要延伸。

---

① 参见《德国和欧盟的立法效果评估制度》，载国务院法制办公室秘书行政司编：《政府法制参考》2005 年第 10 期（总第 183 期）；《美国的行政立法成本效益评估制度》，载国务院法制办公室秘书行政司编：《政府法制参考》2005 第 16 期（总第 189 期）。

2.2.4 道德体系与法律体系的相互承接与对应

在我们从现象上和逻辑上厘清道德与法律之间的对立统一关系之后，在现实的制度层面就应采取一种双向的、均衡的操作方案，一方面使道德规范和法律规范以各自的方式存在，并保持自身的特性，因为只有有特色的东西才是具有普遍性的东西；另一方面，要在道德与法律之间建立起和谐的对立统一关系，使现实中的道德规范与法律规范能够互相承接、互相对应。

（一）立法阶段

在立法阶段，社会主义道德体系的建设，要为法律的正当性提供支持，使社会主义的法律能在人民群众当中树立起权威。在这一阶段，道德应当勇敢地站在法律的前头，给法律指引明确的方向，将正确的价值观念"输入"法律当中。具体做法是，使公正、效率、平等、自由等道德观念恰当地融入法律规范当中，通过法律价值、法律原则、法律规范等不同形式、不同层次的法律制度进行形式转化。为此，在这一阶段的道德体系建构当中，应以法律的建设为主要目标，慎重地提炼出科学合理的伦理价值体系。具体的做法是，以中国传统道德、革命道德为基本指南，使社会主义道德成为立法活动的价值指导[①]。具体做法可以暂时考虑伦理学家参与国家重大立法，以保证国家主流的道德原则能够顺利地进入法律当中，将来可以考虑在人大系统设立专门的道德委员会，专门负责道德与法律协调关系之建构，保证法律的道德性，提高立法的正当性和权威性。

（二）执法和司法阶段

在执法和司法阶段，道德应当成为法律实施的保证。在这两个阶段，道德不是裁判案件的直接依据，而是实现法治的"得力助手"。在这个意义上，道德的目标是提高执法者和守法者的守法自觉性。因此，遵纪守法就成为这一阶段道德体系建构的重要内容。从一般规律来讲，个体的道德水平高，执法就会很顺利，违法的现象也就会减少；反之，法律的实施就会遇到很多障碍。因此，道德主要应当从两个方面保证执法的公正：一是增强执法者的道德水平和

[①] 罗国杰，邢久强.我们党思想上精神上的一面旗帜——关于"建设社会主义核心价值体系"的对话 [J]. 前线，2007（3）：24-27.

职业修养，二是提高守法者的荣辱观念，增强守法者的"羞耻心"。在这两个阶段，道德不是站在法律的前边进行引导，而是融入法律之中进行转化，是辅助法律的实施，以便更好地实现法律之治。具体来说，在执法阶段，要明确公务员伦理道德义务，建立公务员伦理道德立法，使公务员的职业道德规范化、法律化。重点强调公务员的道德水准，使其成为公务员考核的重要内容，道德修养要与执法水平相协调，将道德与法律两套行为规范转变为具体化的指标，纳入《公务员法》的规范体系及公务员的日常考核体系当中。在组织上建立公务员伦理监督办公室。在司法阶段，要通过法官、检察官的职业道德的渠道进行道德教育。建立法官和检察官道德立法，在法院和检察院系统设立职业道德监督办公室。

（三）立法、执法及司法后之反思阶段

在法律评价和完善阶段，道德应当成为评价法律好坏的重要标准。法律对社会经济利益的调整是否公正、有效率，是否能够切实地保障人民权利、监督公共权力，法律还有哪些需要改进，都是需要在这个阶段加以解决的重大问题。在这一阶段，道德再次站到法律的前面，批判现实法律欠缺，找出法律漏洞，从而促使法律体系不断完善。具体来说，在以下两个方面的制度建构中，大力发挥社会主义道德对法律的指引和评价作用。第一，完善信访制度，以信访制度作为法律评价、法律反思和法律完善的有效机制，及时纠正立法的不周和偏差。建立立法后评价制度，使法律效果的评价与道德效果的评价共同进行。第二，建立立法建议征集制度。国家应当广泛征集并建立那些能够发扬传统美德、提高公民道德素养的制度，如孝养父母制度、公民良好行为奖励补偿制度、慈善制度等。

综上可知，第一，道德与法律不是互相矛盾或互相冲突的，二者之间不是非此即彼的关系，而是可以共存共荣的关系，它们是互相支持、互相补充的关系；在法律的整个过程中，道德与法律之间的关系是此消彼长、不断变化的，没有绝对、笼统的道德至上或法律至上，在不同的阶段，或者以道德为主，法律起辅助作用，或者以法律为主，道德起辅助作用。第二，道德与法律是可以互相协调的，我们可以通过不同的制度建设使二者达到平衡与和谐，在使道德涵养法律的同时，以法律促进道德。尽管这种和谐被很多人认为是"乌托邦"，但笔者却坚信这种理想不但是值得追求的，而且也是可能达到的。

2.2.5 道德与法律的辩证关系在生态环境保护中的意义

道德与法律之间的辩证关系在生态环境保护的现实制度层面具有重大意义。

（一）道德与法律的辩证关系在国内生态保护中的意义

就各个国家的国内法律制度而言，由于法律制度的核心是"所有权－私有化"的基本格局，造成目前生态危机的正是这种碎片式的产权和责任制度格局。因而，既得利益者不容易瞬间就改变所有的立法。因此，改变的契机只有在法律之处寻求。所以，道德的力量就是一个不错的选择，之所以用道德伦理来解决生态危机，有如下几点理由：第一，道德之治一直就与法律之治并驾齐驱，共同构成"一鸟两翼""一车两轮"。第二，当法律体系的目标有所偏差的时候，道德恰恰可以纠正偏差。道德的作用虽然软、慢，不如法律刚性，但是道德的作用持久、运行成本低、专业性要求低，对于生态保护这样的大课题而言更加适合。

（二）道德与法律的辩证关系在国际生态保护中的意义

从国际上来看，并不存在有国家强制力保障实施的法律体系，国际气候、生态保护等生态领域的协定也是靠各个国家的自觉和认同才会取得实际效果。因此，必须转而寻求一条更有实效的途径，才能有效凝聚各个国家、各个民族的力量。而这个途径就是建构人类命运共同体，以国家伦理为基础，即将伦理的重大责任、生态保护的重要使命赋予国家，使国家成为生态保护的道德主体，而不是利益主体，通过国家生态价值观的重新选择和定位，带动国家行为的转变，促进国家改变国内法律制度体系。

第3章 生态环境信息的法律之基

价值、规范与事实的辩证关系是一条极为重要的逻辑线索，正是这条线索，架起了道德与法律、理想与现实、应然与实然之间的桥梁。从法治基本原理中可看出，法治的根本目的在于规范人的行为，法治之所以为国家治国之重器，在于法治提供了责任机制而使人心生敬畏。

行政行为概念一直是行政法理论和实践的核心概念，但我国学术界的通说却使这一概念偏向了行政主体、行政权力和法律效果等个别属性，因而导致了在理论层面和现实层面的诸多问题。在我国建设法治政府、透明政府、责任政府的时代背景下，行政行为概念急需从结构上和内容上进行完善和更新。这一新的行政行为概念将有助于改善行政管理手段，在国家与公民之间构建新型的合作关系。

政府责任既是通向法治政府的唯一途径，也是政府与人民达致和谐的重要桥梁，但我国目前对于政府责任的概念还远没有形成共识，因此需要重新建构政府责任的基本概念。对政府责任进行分类具有重要的理论与实践意义。以政府责任的本质为基础，建构我国政府责任体系的轮廓则得以完整呈现。

党的十九届四中全会明确指出，生态文明建设是关系中华民族永续发展的千年大计。必须践行绿水青山就是金山银山的理念，坚持节约资源和保护环境的基本国策，坚持以节约优先、保护优先、自然恢复为主的方针，坚定走生产发展、生活富裕、生态良好的文明发展道路，建设美丽中国。大会确定了"坚持和完善生态文明制度体系，促进人与自然和谐共生"的基本发展思路。

政府有生态保护的国家责任，包括健全环境治理领导责任体系、健全环境治理企业责任体系、健全环境治理全民行动体系、健全环境治理监管体系、健全环境治理市场体系、健全环境信息信用体系、健全环境治理法律法规政策体系、强化应急性生态信息的组织领导。

3.1 法治体系中价值、规范与事实的辩证关系

3.1.1 这一理论的重要性

在一个日益一体化的全球时代，我们迫切需要一种更加具有整体性、更加具有一致性的法律制度来解决我们生活中的各种冲突和矛盾，而这种法律制度的建立完全依赖于法学理论和实践的研究成果。但是从目前的法学研究和法律实践来看，对于法的定义还存在着严重的分歧。从法理学的发展历史来看，自然法学派、实证法学派和社会法学派的观点极为相左，形成了三种不同的法律观①。这三种不同法律观相继主宰了法律演变的几个世纪②。第二次世界大战后，资本主义社会的各种矛盾交融到一起，上述观点进入同时并用的时代。但是从现实来看，自然法学派、分析法学派和社会法学派的分歧依然存在。由于这三大理论流派均是从一个固定的视角看待法律，因此导致结论片面、互相矛盾，最终使统一的法律观难以形成，法学界仍然"没有一个统一的、得到整个法学界认可的法的概念"③。

由于没有形成统一的法律观，常导致如下困境：首先，法律与道德的界线在哪里？法与道德的关系到底怎样？法是否要具有道德性？反映在治国策略上，是"以德治国"还是"依法治国"，二者孰为先？其次，法律效力的终极来源是什么？如果国家强制是其效力的唯一来源，具有合法形式要件的"恶法"是不是法？要不要遵守？要知道，"恶法亦法"还是"恶法非法"往往深刻地影响人们的行为模式。再次，我们应该服从于执法人员的判断、法官的判断还是律师的判断？因为这三者都宣称是掌握法律的法曹，不同的判断主体对于法的认识是如此悬殊，真正的法的公义是否能够存在于现实之中？最后，作为普通公民，我们到哪里兑现法律所承诺的正义？在现实中，公民们如何更深入地参与法律的构建与执行？正是由于对于法的认识没有达到深刻的程度，导致我们不知道要建立什么样的法治，也不确信哪些现实问题应当置于法治之下。也许正

---

① 吕世伦. 现代西方法学流派 [M]. 北京：中国大百科全书出版社，2000：595-607.
② 17、18 世纪资产阶级革命和法制建立时期，主要采用自然法和自然权利学说；19 世纪资本主义法律巩固和完备时期，主要采用实证主义学说；20 世纪开始到第二次世界大战前后，主要采用社会学的主张去应对尖锐的社会矛盾。
③ 伯恩·魏德士. 法理学 [M]. 丁晓青，吴越，译. 北京：法律出版社，2005：27.

是因为上述困惑的存在，最终才导致真正意义的法治难以形成。

通过上述的诸多问题可以得知，价值、规范和事实的关系问题，不但是我们认识法律时需要借助的思维工具，而且也是建设法治体系时所要参照的基本原理。因此，从这个意义上说，价值、规范和事实的关系问题实在是关涉了法治的全部内容和过程：法的内在精神、外在形式及其功能作用的发挥，都离不开法与价值、规范和事实之间的关系[①]。一言以蔽之，法治的建构是以这一价值、规范和事实之间的关系原理为基石的。

3.1.2 法的三个基本界域

笔者认为，按照法应当如何、法表达为何以及法实际作用为何的标准来划分，可以将法划分为三个存在界域：一为法的价值界域，二为法的规范界域，三为法的事实界域。在这三个基本界域当中，法分别以价值形态、规范形态和事实形态这三种不同的形态存在。就如同水有气态、液态和固态三种形态一样，法也具有价值形态、规范形态和事实形态，法是同时具有这三种形态的统一体。价值、规范和事实三个要素的结合构成法的完整生命体。这里所说的法的生命，不是生物学意义上的生命，而是从其存在的现实来看的，具有实在支配效力的存在期间，它与法律所存在的有效期限具有相近的含义。

（一）法在价值界域中的存在：法是满足人需求的器皿

一般而言，价值是客体相对于主体的一种特定需要的满足关系。在这一定义中，同时具备了三个要素，即主体、客体和媒介。在价值界域中，法是以价值形态存在的，价值形态的法所承载的是法作为客体对于作为主体人的需求的满足关系。具体而言，法的价值是通过价值设定和价值保持两种方式来实现的。

1. 价值设定：人的价值通过规范而转化成为法的价值

价值所体现的是一种应然的理想，它属于未来的应然世界，总是独立地存在于现实世界之外。正是由于价值的非现实属性，很多人将其归结为哲学问题，并将这一问题推给那些擅长思辨的哲学家和伦理学家。而实际上，价值并非不

[①] 价值、规范、事实之间的辩证关系问题同样也是伦理学的重要研究课题，有学者提出"伦理学的三类道德难题，即事实性道德难题、规范性道德难题和元伦理难题"。曹刚. 伦理学的新维度：道德困境中的三类道德难题 [J]. 哲学动态，2008（11）：61-65.

对现实产生作用，而是产生更间接、更潜在也更加基础的作用。一般而言，人们的价值是以价值观或价值评判的形式存在于每个人的思想当中，它通过人们的大脑被"天然地携带"到立法、执法和司法的整个过程。并且在立法、执法和司法之后，人们不断地对法律进行着评价和反思，这种反思和评判所运用的武器无非就是一定的标准或价值，而对现行法律制度的反思通常成为促进其更新和进步的力量。总之，在立法之前、法律运用当中及法律反思等不同阶段，人的价值观都是客观存在的，是人的价值决定了法的价值。"法律是人类的作品，只有从它的理念出发，才可能被理解，任何一个对法律现象的无视价值的思考都是不能成立的。"[1]

在立法过程当中，人的价值观通过不同的法律规范形式转化到法律当中，德国法学家魏德士这样阐述了这个"随风潜入夜，润物细无声"的转化过程：价值评判在法中起着重要作用，法律秩序中充满了价值判断。您只要读《基本法》1～20条就知道了！任何完整的法律规范都是以实现特定的价值观为目的，并评价特定的法益和行为方式，在规范的事实构成与法律效果的联系中总是存在着立法者的价值判断[2]。从他的见解中我们可以看出，法的价值正是由不同等级的、不同内容的规范来体现，又通过人的行为、结果等法律事实来展示出来的。价值并不是外在于法律规范，而是通过规范的形式得以表达，借助规范的内容得以转化的。同时，由于价值不是外在于人的，而是通过人的心思意念、行为方式表现出来的，因而在法律与人之间就因价值观的贯通而得以有效地链接，实现了人与法的关联与互动。从这个意义上来讲，是法的价值支配了法律的规范形式和法的实践活动。因此，法律的研究者就不能像凯尔森等实证主义者那样将价值机械地悬置于法律之外，而应当巧妙地将"包裹"于法律之内。

2. 价值保持：宪法是保持国家价值观的最高途径

"由于法所特有的国家意志性、社会规范性和普遍有效性，更由于法作为社会关系的调适器和社会控制工具的本质属性，法价值必然是丰富而多层面的。总体来看，法有秩序价值、正义价值、公平价值、自由价值、效率价值、安全

---

[1] G 拉德布鲁赫 . 法哲学 [M]. 王朴，译 . 北京：法律出版社，2005：3-4.
[2] 伯恩·魏德士 . 法理学 [M]. 丁晓青，吴越，译 . 北京：法律出版社，2005：52.

价值及生存与发展价值。"① 由于宪法是一个国家最高位阶的法，因而人们必然要经过宪法这一途径来稳定而长久地保持一个国家和民族的价值观②。

　　法的上述价值通常在一个国家的宪法序言当中得到明确的宣示，如美国宪法就向世人宣示了如下的价值观：我们合众国人民，为建立一个更完善的联邦，树立正义，保障国内安宁，规划共同防务，促进公共福利，并使我们自己和后代得享自由之赐福，特为美利坚合众国制定和确立本宪法。美国不仅在国内将价值观宣示于宪法之首，而且在国际外交方面，也将这种带有强烈基督教伦理色彩的价值观带进国际交往，并不遗余力地在世界范围内推行这一价值体系。例如，"二战"后在美国直接干预下的日本宪法，异常鲜明地在序言当中作了和平价值的宣示，使和平最终成为"国民得要求国家实现之的普遍价值"③。"日本国民期望持久的和平，深知支配人类相互关系的崇高理想，信赖爱好和平的各国人民的公正与信义，决心保持我们的安全与生存。我们希望在努力维护和平，从地球上永远消灭专制与隶属、压迫与偏见的国际社会中，占有光荣的地位。我们确认，全世界人民都同等具有免于恐怖和贫困并在和平中生存的权利。"结合世界历史的演变，可以看到这两个宪法条文所宣示的价值观在国家的发展中发挥了何等重要的作用。美国和日本的国家战略和国家行为无一不围绕宪法所确立的国家价值观。一个国家的维持或崩溃，从表面上看是领土、经济、政治、军事的原因造成的，而从根源上讲则是国家价值观在不同方面演变的曲折再现。如果只注意到一个社会表层的变化，而不注重于一个国家、民族内在精神气质的培养，往往会陷入"价值盲区"的危险之中。因此，保持一个国家和民族的价值观，是一个国家兴旺发达、繁荣稳定的第一要务。由此，将这一要务摆放在宪法当中显然是具有战略意义的举措。

　　（二）法在规范界域中的存在：法是价值转化而成的指令系统

　　从现象层面来看，"规范是对事实状态赋予一种确定的具体后果的各种指

① E 博登海默 . 法理学法律哲学与法律方法 [M]. 邓正来，译 . 北京：中国政法大学出版社，1999：318-325.
② 徐秀义，韩大元 . 现代宪法学基本原理 [M]. 北京：中国人民公安大学出版社，2001：210-213.
③ 阿部照哉，池田政章，初宿正典，等 . 宪法 [M]. 周宗宪，译 . 北京：中国政法大学出版社，2006：163.

示和规定"①。规范一般有两种形式：一是原则，二是规则。原则一般比较抽象，是价值向法律规范转化的"第一站"；而规则就比较具体，是原则的具体化，是价值向规范转化的"第二站"。从规范的文字和结构上看，规则包括假定、行为内容和后果，一般采用"如果……那么……"的语句来向法律的对象指明行为的前提条件、行为方式及后果。

1. 规范的实质：价值在文本中的必然延伸

当一条法律规范指示它的调整对象在一定条件下做什么的时候，就已经站在了什么是善的、什么是恶的这种价值观之下了。由于规范的对象不仅指向了主权者，而且也指向了基本权利的享有者，二者都是规范的约束对象。由此可见，"法律规范是具有普遍地及于一切授受对象的规范。法律规范是有条件的规范。法律规范表达了一种价值评判"②。因此，从本体论的角度来看，法律规范是一种将价值进行转化的指令性表达，"法律规范永远不能从逻辑意义上的真实概念角度被判定为'正确的'或'真实的'，只能从法所追求的目的的角度，也就是从基本的价值秩序角度来判断法律规范可能是适当的、有益的、必要的"③。

2. 规范的保障：以强制性的统一超越价值的多元

由于规范是一套指令系统，因而它必须明确，同时也因为规范是经过合法化的价值系统，因此它只能奉守那些确切而稳定的价值。而要达到这两点，法律规范必须以强制性作为它的保障，这样这套指令系统就不是可以商讨的，而是必须执行的。法律规范的强制性使法律超然于一般的道德规范或其他社会规范之上，成为有至上效力的强行规范。规范最明显的特征是明确性和强制性，但规范的这两个特征却是尤其必要的，因为相对于法律价值状态的多元性而言，规范必须以统一性回应，而相对于价值的协商性而言，规范也必须以确定性作答。因此，规范的统一、明确、强制既是对价值的转化，也是对价值的成全和升华。

---

① 张文显. 法哲学范畴研究 [M]. 北京：中国政法大学出版社，2001：49.
② 伯恩·魏德士. 法理学 [M]. 丁晓青，吴越，译. 北京：法律出版社，2005：59.
③ 伯恩·魏德士. 法理学 [M]. 丁晓青，吴越，译. 北京：法律出版社，2005：59.

3. 规范的存在形式：以特有的逻辑和技术涵摄生活事实

由于法律规范的本质在于向人们指示一种当为的行为，因此，规范必须全面、严谨、具有可操作性，这是规范自身所应当具有的技术品格。换言之，如果法律规范已经将生活中的某个事实涵摄于其中，那么法律的操作者就可以通过比照和推理而得出法律后果的判断。由此而来，以语言作为法律规范的表达形式就必须具有严谨的科学属性。在这个意义上，凯尔森提出的将法律作为一门科学的观点便具有重要意义，它使"法学与道德区分开来"①。而要达到规范的科学性目标，概念的界定、规则的设计及其二者之间的协调就必须置于一整套的逻辑规则之下，科学的逻辑规则不但使规范与现实相契合，而且也使规范与价值相承接。这样，法律就可以实现从价值状态通过规范的中介进入事实的界域当中。

（三）法在事实界域中的存在：价值通过规范而落实于事实之中

一般意义的事实是指在一定时空条件下存在的，人们基于一定目的、依据规范而形成的具有意义的客观现实②。"法律事实是法律规范所规定的，能够引起法律后果即法律关系产生、变更和消灭的现象。法律事实必须是法律所规定的，只有那些具有法律意义的事实才能引起法律后果。另一方面，法律事实的概念又反映了法律调整受到具体社会生活情况和社会事实的制约。"③一般从内容来看，有四种意义的法律事实：具有法律意义的事实，规范事实，引致法律关系产生、变更和消灭的事实及关系事实④。这里尤其应当强调的是规范本身也是一种特定的事实，因为它不但是一种实然的存在，而且还产生重要的调整和引导作用。

---

① 凯尔森. 法与国家的一般理论 [M]. 沈宗录，译. 北京：中国大百科全书出版社，2003：15.

② 对于事实的理解，马克思主义哲学家卢卡奇的观点颇为深刻。他认为："事实只是在这种情况下，因认识目的的不同而变化的方法论的加工下才能成为事实。……事实就已经是一种理论、一种方法所把握，就已经从原所处的生活中抽出来，放到理论中去了。"参见卢卡奇. 历史与阶级意识 [M]. 杜章智，任立，燕宏远，译. 北京：商务印书馆，1999：53.

③ 沈宗灵. 法理学 [M]. 北京：高等教育出版社，1994：39.

④ 谢晖. 论法律事实 [J]. 湖南社会科学，2003（5）：54-59.

1. 事实的形成：生活事实与规范事实结合为法律事实

作为规范本身，其存在方式也是现实生活世界的一个组成部分，因而这种法律文本本身也成为一种特殊状态的事实，即规范事实。由于生活的事实与法律规范事实同时存在，因而生活事实就演变为法律之光"照射"之下的法律事实。从事实的过程来看，法律事实经常关涉主体事实、客体事实、原因事实、过程事实、结果事实等不同的事实要素。

通常在如下意义上，生活事实受法律规范的调整：首先，法律规范向我们指明什么是可以做的，什么是不可以做的，这样就划定了合法与非法的界限。其次，法律规范在可做的事情范围内明确先后次序，如遗产分配的继承顺序。最后，在人们发生冲突时，通过规定纠纷解决程序以定纷止争，实现公正。因此可以说，法律规范能够从逻辑顺序、排列次序以及时空顺序上，对事实产生实际的规范效力。

2. 事实的内在本质：呼唤价值和规范的参与

虽然生活事实的范围要大于规范所涵摄的内容，但规范对于事实的调整、控制和影响却是不争的事实。众所周知，《法国民法典》开创的稳定、持久的社会秩序，比拿破仑用铁蹄建立的帝国还要稳固。由于生活事实的复杂性和潜在冲突性的特点，特别需要价值的统帅和规范的引导。在人类社会几千年的历史当中，如果没有法律价值、法律规范的存在，可以想见（想象）人们的生活状态将是何等的混乱和凄惨。可以说，事实的多元性和复杂性，是它归向价值、承受规范调整的内在逻辑基础，其原因显而易见：一方面，"只有在涉及价值的立场框架中才可能被理解"[1]；另一方面，"立法者不是要描述事实，而是要调整人的行为方式和生活事实"[2]。

3.1.3 统一的法律观

（一）法是统一的完整的存在

虽然自休谟以来，人们一直肯认从"是"中推导不出"应该"[3]。但是通过

---

① G 拉德布鲁赫. 法哲学 [M]. 王朴，译. 北京：法律出版社，2005：34.
② 伯恩·魏德士. 法理学 [M]. 丁晓青，吴越，译. 北京：法律出版社，2005：57.
③ 休谟. 人性论 [M]. 关文运，译. 北京：商务印书馆，1980：509.

对法的三种形态的考察发现，通过规范的中介作用，事实与价值这两个世界可以互连并彼此呼应，规范可以有效地链接"应该"与"是"这两个"遥远的世界"。一言以蔽之，休谟用形式逻辑所探测到的这个"鸿沟"可以用辩证逻辑的方法来进行弥合：在规范的中介作用下，法治既可以从应然走向实然，也可以从实然再返回到应然之中，前者是从理论到实践，而后者则是从实践到理论①。在这一点上，德国法哲学家考夫曼的观点尤其值得提及：正如规范性的法律不可能源自实然本身，应然本身亦不可能创造实际的法律。只有在规范与生活事实、应然与实然彼此互相对应时，才产生实际的法律：法律是应然与实然的对应。

由前面的分析可以初步得出结论，价值、规范、事实三个界域都是法律生命存在的具体环境，法律在三种不同的环境里有不同的显现方式，就如同人的生命是通过思想、身体和行为反映出来的一样，法的生命也是通过价值、规范和事实来体现出来的。换言之，价值、规范、事实，这三者的统一构成了法的动态的生命：价值的本质是一种主观追求，是应然的彼岸，是人们对于未来生活状态的一种期待。因此，价值形态的法一般以理念的形式存在于人们的意识当中。规范的本质是对于应然的宣示和对实然的调整，是一套指令系统；规范形态的法常以文字和文本的方式存在于现实当中。而事实则是与应然相对应的实然状态，是人们基于规范的约束而形成的与理想有所关联的事实，以人们的各种行为方式体现出来的事实实际上是法律所调整的事实。总之，我们社会实践中所关涉的法是以取得共识的价值追求为核心，以成文规范为主要表达形式，并通过调整人的行为而体现出来的一套完整的体系。

（二）法的生命不可分割

上述关于法的界定也可以作反面的假设以证明其结论的真实：假设法律没有内在价值，那么它与人还有什么关联呢？人们还有没有必要进行立法呢？假

---

① 对于事实与价值二分法的批评在学界自来就不乏其人，想通过批判的方式来否定这一命题的学者也大有人在，如希拉里·普特南是通过语言学的方法来摧毁这种二分法的分类基础，以瓦解这种区分方法本身的。参见希拉里·普特南. 事实与价值二分法的崩溃 [M]. 应奇，译. 北京：东方出版社，2006. 笔者主张以法律规范所具有的转化功能来实现价值与事实的对接与互补，从马克思主义实践论来看，正是法律的这种规范作用使人们的实践迈向了应然的理想世界。

如法律不以规范的语言文字表达出来，那么人们很可能生活于手足无措的恐惧之中，任何统治者或者法官随机的话语都可能使人们身陷囹圄。而如果法律不指向现实，那么现实中的法律将很可能会变成一张废纸。由此可见，价值、规范和事实都是法律离不开的具体形态。

值得特别说明的是，虽然法律存在于价值、规范和事实三种不同的界域之中，但是不能说法律有三种不同的实体。我们也不能将法律机械地切割，分别交给伦理学家、法学家、行政官员和法官去各自操作。因为如果这样的话，就意味着法与道德无涉，而只是主权者的命令，从而使具有道德意义的价值被驱逐出法律的家园。更为可怕的是，没有统一内在精神的法会被官员们任意用作维护自己利益的工具，现实就会成为赤裸裸的暴政。由此，我们应当树立这样一个信念：法律不但应当是道德的、规范的，而且也应当是现实的。一句话，法应当是人们实实在在的一种生活方式；法是一个有内在精神追求、有规范形式、有真实内容且于现实中无处不在的实在体，是"形式、价值和事实的独特结合"①。

3.1.4 法治过程的重新解读

从价值、规范和事实的关系原理出发，法治的过程就是一个不断由价值上升为规范、再用规范去指导事实、通过事实去反思价值的循环往复的过程。由此，法治中的立法、守法、执法和司法及反思就成为与上述过程基本相对应的过程。从法的三个基本界域来看，法治的过程就可以看作与此相对应的三个重要阶段：第一个阶段是立法阶段，第二个阶段是守法、执法及司法阶段，第三个阶段是法的反思阶段。在这三个阶段中，每一个阶段的任务都与法在价值、规范和事实三种不同界域中的转化有关。通过运用这一原理来重新解读法治过程，可以获得以下新的认知。

（一）立法的本质：将价值转化为规范

立法的本质是将法从价值形式转化为规范形式。从总的方面来看，立法者希求的是他们所制定的法典将会给人们带来最大的善并避免诸多的恶，这其中

---

① 张文显.20 世纪西方法哲学思潮研究 [M].北京：法律出版社，2006：301.

判断的方法乃是来源于事实经验，对此边沁的话听起来尤其语重心长，他说："不要信任我，而要信任经验，特别是你自己的经验。在两个相互对立的行动方法中，你希望知道应该选择哪一种吗？计算他们的善的和恶的效果，选择具有最大善的预期总量的那一个。"① 由于价值本身就是一个很复杂的体系，因此作为一项立法的价值，在设定时就需要进行慎重的拣选，确定什么是首要的，什么是次要的，是公平优先还是效率第一。只有在价值层面上有明确的倾向，立法者才能在规范的制定当中确立起制度模式，进而也才能保证规范的实施能带来预想结果。

（二）守法、执法及司法的本质：将规范落实于事实

从法的价值、规范和事实关系的原理来看，这三个看似具有不同内容的法治环节，实际上处于同一个阶段。这一阶段的本质在于将法律规范运用于事实。在这三种不同的法律行为背后，有三种不同的法律主体。守法的主体是法律所要约束的普通公民，而执法的主体一般而言是指握有国家公权力的行政机关，而当这两种主体或其内部之间发生利益冲突的时候，司法的功能就是通过判断而对各种矛盾进行协调，其主要目的在于使守法者和执法者之间的关系得到正向调解，从而保证法律从规范形态向事实形态转化，使规范的法转化为现实的法。但是值得特别注意的是，在对生活事实进行判断的时候，"不能局限于将该争议事实仅仅涵摄于某一个法律规范的事实构成之中。法律适用者必须将法律（与整个法律秩序）理解为相互联系的内容与价值评价的统一"②。

（三）反思评价的本质：从事实反思价值

在反思评价阶段，根据规范形成的事实结果，对照法律的价值，反思法的缺陷和失误，评价法的合理性和实效性，查看其是否实现了立法时设定的目标，通过查找漏洞、发现缺陷，提炼新的价值体系，并作为一个新的法治程序的基础。虽然在我国现在的法治框架中还不存在这样的环节，但从法律的价值、规范和事实关系原理的角度来看，这一阶段显然是十分必要的，因为反思不但是

---

① 吉米·边沁. 立法理论 [M]. 李贵方，等译. 北京：中国人民公安大学出版社，2004：111.

② 伯恩·魏德士. 法理学 [M]. 丁晓青，吴越，译. 北京：法律出版社，2005：67.

对前面立法、守法、执法和司法的反思，而且还是一个承上启下的制度连接，它可以为开启下一个立法程序作良好的预备①。

综上，根据法的价值、规范和事实原理对法治过程进行的划分，与传统的立法、执法和司法三阶段论有着很大的不同，这种划分方式要彰显的是法的统一性、完整性和动态性，强调法治过程本身是一个科学的、理性的过程。笔者相信，法治只有基于科学和理性之上，良法才是可以期待的，正义也才能最终实现。具体来说，法治三个阶段的划分具有如下三个方面的意义：

第一，将法治的反思阶段单独提出来，可以使人们认识到反思和评价对于整个法治过程的价值。人类历史经验证明，缺少反思的法治不但是不理性的，而且也是不完整的。这样的划分不但有助于法治体系的完整，而且也有助于其整体质量的提高。

第二，使立法活动与守法、执法及司法相区别开来，这样使我们认识到立法与守法、执法及司法的本质区别，有利于我们在不同的法治阶段，根据这一阶段的特殊性制定阶段任务目标和实施方案。笔者认为这样的划分对于改善人大立法制度、政府执法制度及司法审判制度均具有重要的指导意义。

第三，将守法、执法及司法这三个环节摆放到同一个法治阶段，有助于认识守法与执法的根本性、统一性与共在性，同时也有助于认识司法的补充性和调整性。基于这样的理解，一方面，我们需要建立一个保障权利、限制权力的法治体系；另一方面，也不应过分执着于司法程序，因为司法所调整的正义毕竟是一种矫正的正义，它本身就反映出执法和守法的不公或不法，而且消除这种冲突也实在需要付出不菲的代价。

综上而言，法治的三个状态明确了法是一个统一存在、动态存在的有机体，按照统一的法律观来重新解读法治的过程可以获得更深的理解。法治的过程是

---

① 对于立法质量的完善，很多发达国家诉诸立法评估制度，如美国、德国、英国及欧盟。我国目前也有一些地方人大和政府开始了地方立法后评估制度的初步探索，但我国宪法层面及法律层面的评估尚没有作为一项必要的制度加以确立。参见《美国的行政立法成本效益评估制度》，载国务院法制办公室秘书行政司编：《政府法制参考》2005第16期（总第189期）；《德国和欧盟的立法效果评估制度》，载国务院法制办公室秘书行政司编：《政府法制参考》2005年第10期（总第183期）。

一个动态的发展过程，是一个不断从价值转化为规范、从规范走向事实、从事实回归价值、推动价值的循环往复的过程。从这个动态发展的角度看法治，那么法律的体系就是活的，就是有生命的。

3.2 生态环境背景下的行政行为

3.2.1 生态环境语境下的行政行为具有的意义

（一）行政行为概念是行政法学的核心和基石

在行政法学的主要制度当中，包括行政主体制度、行政行为制度、行政程序制度、监督救济制度、法律责任制度等。除去行政行为制度以外，其他的制度其实都与行政行为直接或间接相关：行政主体制度是行政行为制度的预备和前提，是从组织体制上为行政行为的发出所作的铺垫；行政程序制度的核心也是为行政行为制定合理的程序机制；监督和救济制度所针对的对象也不外是行政主体的行政行为；而法律责任制度更是为落实由于行政行为所产生的各种后果而设定的各种归责原则、责任形式及责任后果。可以说，行政行为是这一系列制度围绕的中心，因此从这个角度来看，行政行为这一概念具有不可替代的重要功能。可以想见，如果没有行政行为这一概念，整个行政法律制度的"大厦"都将因失去重心而"坍塌"。

（二）行政行为概念是行政诉讼制度建立的基础

根据现代法治原理，立法权、行政权与司法权是三种基本的国家权力作用形式。其中行政权由于执行性、利益相关性等特征而更具影响力，相对于立法权和司法权而言，行政权更有权威。因此，法治原则要求必须将这样易于膨胀的权力置于与其他权力相制衡的状态以进行有效的控制和监督。为此，以司法权对于行政权进行监督与制约就是一种必然的制度设计思路。而要使司法权能够对行政权产生威慑，就必须将行政机关的日常活动尽可能全面地纳入立法的规制范围和司法审查的范围之内。尽管司法权不应当对行政权进行"事无巨细"的干涉，而应当自谦、自律、谨慎地对行政机关的行为作出判断，但是不可否认的是，司法机关如果不将矛头对准行政行为，司法权这把"利剑"就难以控制行政权。所以，从整个宪政制度设计的原理来看，行政行为是司法权对于行政权进行监督和制约的核心机制。从法治国家的历史经验来看，这个机制设计得越全面，越能将更多的行政行为置于法治之下，这个机制设计得越精巧，越能深入、有效地控制行政机关的行为。在各国的行政诉讼发展的过程中，行政行为这一概念扮演了一个行政权与司法之间特殊的制衡机制的作用。可见，这一具有"双关性"的概念就不容小觑了。

（三）行政行为是建设法治政府、责任政府、亲民政府的必经之途

从现实的角度来看，行政行为并不单单是行政机关单方的所作所为，其启动、过程和后果都与行政相对人的行为密切相关。在整个行政行为过程中，其中必然"包裹"着行政相对人的行为。在这个意义上可以说，行政行为是联结行政主体与行政相对人的"纽带"。也正因如此，在建设法治政府、责任政府、透明政府、亲民政府的现代法治进程中，行政行为制度才成为一个不可逾越的制度。每一个锐意进取、大胆革新的政府都必须在行政行为方式、行政行为的效率方面有所突破、有所贡献，才能通过"好政府"的民主"考试"；而作为行政行为的相对方，也正是凭借行政行为才能对政府产生信任，对政府的各种号召、倡议作出配合及响应。质言之，建设法治政府指的就是政府的行政行为要合法，建设责任政府指的是政府要对其所做出的行政行为承担责任，建设亲民政府指的是政府要在行政行为中与民相亲、与民相和。总之，建设和谐的社会的实质就是要求政府做出各种和谐的行政行为。

3.2.2 对行政行为概念存在问题的反思

根据国内学界的通说，行政行为的定义为行政行为是行政主体（主要是国家行政机关）为实现行政管理的目标而行使行政权力，对外部作出的具有法律意义、产生法律效果的行为[1]。从这一概念可以看出，我国传统的行政行为概念强调三个方面：一是从主体方面单一地指行政主体的行政行为，二是采用单一向度的外视目光将内部行政行为从概念中除去，三是强调行政行为的法律属性而不包括事实上的行政行为。从我国法治实践的效果来看，传统的行政行为概念所强调的三个特征都与现代行政法理念相背，换言之，现代行政所追求的民主性、和谐性、亲民性是难以通过这一狭义的行政行为概念达成的。对于这样

---

[1] 杨建顺，李元起. 行政法与行政诉讼法教学参考书 [M]. 北京：中国人民大学出版社，2003：148.

的评价，目前行政法学界似乎还难以接受，一个概念会造成如此的障碍吗？是不是我们危言耸听、小题大做？但难以否认的是，目前我国很多的行政法治现实问题不同程度上都与这一概念的定位有直接或间接的关联。具体而言，笔者认为以下几个方面的问题都从这一概念引发而来，值得特别关注。

（一）理论层面的反思

1. 逻辑结构不全：行政主体一方彰显，相对人主体一方虚无

由于通说的行政行为概念将行政行为定位于行政主体和行政权上，因此整个行政行为的程序设定也是围绕"官"而不是围绕"民"。目前，我国学者对于行政行为概念的单方性所造成的制度性弊端体悟不深，集中表现在还没有一个对等的概念范畴来表达相对方的行政行为以与这个由"官"方所属的行政行为形成对称，亦没有一个将两个概念统合为一的、超越于这两个概念之上的上位概念。从西方几个主要国家行政行为概念的发展史可以看出，各国都在探索超越这一主体单一、内容片面的行政行为概念，从不同的角度以不同的方式、结合本国的行政执法体制和司法体制来"接济"和"救赎"行政行为[①]。根据其他国家的成功经验，我们认为我国没有必要将行政行为这个具有如此重要作用的概念被行政主体这一方"独霸"，更没有必要使行政行为这个概念"器皿"只盛装"单方""权力""强制""外部"行为，而将"双方""权利""非强制""内部"行为抛弃于外。简言之，我国目前最需要的是一个具有双主体的、能够平等包容行政主体与行政相对方行为的新的行政行为概念。

2. 相对方的行为被遮蔽：民主理念在制度中难以生成

由于行政行为概念中的主体单一，因此，概念内涵所反映的内容往往是行政主体一方的活动内容和活动方式，相对方的启动、申请、接受、参与、选择、申诉等行为，由于被视为行政行为之外的"异己"因素而不能被容纳进去。相对人既在"名份"上被忽视，自然在实际作用上被"虚无化"，一个连续的由双方"共舞"的过程就被"遮蔽"了一半。通过传统的行政行为概念，人们只看

[①] 哈特穆特·毛雷尔. 德国行政法学总论 [M]. 高家伟，译. 北京：法律出版社，2000；杨建顺. 日本行政法通论 [M]. 北京：中国法制出版社，1998；王名扬. 美国行政法 [M]. 北京：中国法制出版社，1997；张越. 英国行政法 [M]. 北京：中国政法大学出版社，2004.

见行政机关处处"长袖善舞",而看不到相对人的"举手投足"。现在行政法学的教材中,对于行政相对人的这些行为方式甚至还没有一个正式的、与描述行政主体的"行政行为"相对称的概念称谓,这一点直截了当地显明了我们的行政法学理论中民主理念和平等理念的"贫困"。更为可怕的是,这一"单方化的理论"在现实中往往通过各种制度的"固化"而形成了思维定式的"固化",行政行为这一概念不但被行政主体合法地"据为己有",而且也被许多行政法学者视为当然。我们可以通过法治实践中人们的潜意识、不自觉的做法看出这种"流毒"是多么严重地侵蚀着我们的制度机体。无须多言,亦不必危言耸听,这种"半截"式的概念很可能将行政法的民主属性葬送殆尽。

3. 概念的"碎片化"后果:行政行为制度的"碎片化"

由于没有一个完整、科学的行政行为概念,人们不能把现实中大量出现的、新的行政行为方式及时地纳入规范制度中来。同时,由于对内涵认识不清,对于其外延自然也就认识模糊,这样直接导致不能科学地确定其分类。现实中,当人们想对行政行为进行控制而进行立法设计时,往往一个一个地针对某种行政行为进行立法,《行政处罚法》《行政许可法》《行政强制法》就是在这样的思路下纷纷出台的。这样零散的一字排开的"队列式"的立法活动每次都需要耗费大量的立法资源,不但立法时间在纵向上被拉长,而且立法内容在很大程度上也往往重复,如立法目的、基本原则、权利、义务、法律责任基本趋同,但每次必经过一番几经周折的法学家大辩论;而在实施效果上,由于是不同立法思想、不同立法者、不同立法技术指导的,不同的规范之间往往发生冲突。而由于对行政行为概念的研究目前还没有实质性的突破,又造成本来应该具有统一行政行为方式作用的《行政程序法》迟迟不能出台①。这些现象都说明我们对于行政行为概念的"碎片化"认识已经严重影响了我国的行政法律制度的建设。

4. 分类代替本体:行政诉讼受案范围制度"人格分裂""鬼影重重"

目前学界普遍将行政行为仅指向了行政主体一方的单方行为,且是具体的、强制性的、外部的行为。因此,在确定行政诉讼受案范围的时候,直接导致行政诉讼所针对的目标就是具体的、强制性的和外部的行政行为,而将抽象的、

---

① 姜明安. 制定行政程序法应正确处理的几对关系 [J]. 政法论坛,2004(5):17-23.

非强制性的和内部的行政行为拒之门外。现在很多行政机关在被告上法庭的时候，一个普遍的抗辩技巧就是将政府的行为说成抽象的、非强制性的或者是内部的行政行为，这样就可以轻松地逃避法院的司法审查。对此，相对人只能望洋兴叹，而学者们则大声呼吁将抽象行政行为纳入司法审查范围。但从效果上看，学者们这样的"义举"似乎还难以撼动现实制度的基石，因为按照这种逻辑推演下去，每种行政行为的不同分类中都会有一半的行政行为会被"受案范围"推出门外，因此学者们必须得一个接一个不停地喊下去："将内部行政行为纳入行政诉讼受案范围！""将非强制性行政行为纳入受案范围！""将非正式行政行为纳入受案范围！""将双方行政行为纳入受案范围！"……这是一种"取一半舍一半、回过头来再加上舍掉的这一半"的自我矛盾的、"分裂式"的思维进路。当我们将分类的结果当作事物的本质的时候，简直就是"鬼影重重"了，不论赶走了多少"鬼"，仍然见不到真"神"。反思一下，我们的行政诉讼制度为什么设计得这么"累"，其关键的障碍就在于将行政行为外延的分类当作了它的本体。从逻辑上，对外延可以进行不同标准的分类，而且这种分类的标准可能无限多，但这一事物的内涵却是指它的本体所具有的稳定性质。我们设计行政诉讼制度所要针对的对象是行政主体的行政行为之本质和全部，而不是其中哪一类的行政行为。简言之，设定制度需要运用概念的本体，而不是运用概念的分类。

（二）现实层面的反思

1. 单方性恶果：导致行政法"官本位"严重

将行政行为只限定于行政机关一方的行政行为，直接导致的后果就是行政相对人在行政过程中的种种行为被狭义的行政行为概念否定和排斥。而相对人主体资格的"放逐"必然导致其行为的"漂流"，相对人于行政法领域中之纳税、选举、申请、谈判、起诉等行为方式仍然没有一个可供使用的"概念器皿"。这种"无名"的状态必然导致蕴含于这诸种行为之中的基本权利被遮蔽于"混沌不开"的蒙昧状态，权利意识、权利语境发展迟缓，其后果必将造成在"权力话语"四处彰显的时候，而"权利话语"却没有立足之地。难怪我们经常看到以下两种同时存在的怪现象：一方面，我们看到行政机关争夺"势力范围"，以部门利益为中心"关门立法"、借立法之机扩大权力范围，各地方政府乱罚款、乱收费、乱摊派屡禁不止；另一方面，与行政机关的争夺大相径庭的是，相对方的纳税行为、选举行为、听证行为、信访行为似乎是可有可无或者只作配合性的"装饰物"，行政相对人因没有"名分"而导致没有机会，因而相对人也就更没有积极性去参与社会公共生活，难以实现宪法所保障的"主人翁"地位。可见，狭义行政行为概念的单方性与上述种种怪现象之间的关联难以否认。更令人担忧的是，长久以来，这个概念在人们的头脑中所形成的错误认识已经通过各种不同层级的行政立法而转变为合法的制度，借"制度的路径依赖"而取得主导地位。总之，行政行为这个制度化的单方性概念挡住了行政相对方通向民主的道路，使行政相对人与我国宪法所提倡的民主、平等价值相隔绝。

2. 法律属性之弊：大量事实行为"逃离"行政法律监督

传统行政行为概念所包含的法律行政行为的属性，其直接后果必然导致行政机关在现实中的事实行为脱离法律监督。因为如果按照狭义行政行为概念的"法律行为"之标准来看，立法不作为、执法不当、贪污、受贿、集团小金库等等行为都不称其为法律行为，因而就不属行政诉讼法受案范围管辖。现实中司空见惯的是，公共事业的投资决策、国有企业的经营行为是一个空前超脱于行政行为法律监督的"稳固堡垒"。我们可以全面地回想一下，有多少"事实上的行政行为"（形象工程）造成决策失误，又有多少"事实上的行政行为"（将国有资产的股份处理给个人）引起国有资产的流失，然而又有多少事实行为的发起者、责任者承担了法律责任呢？从目前我国行政法的制度逻辑来看，法律责任是与行政行为相关联的，如果不符合行政行为的概念要求，也就不构成行政行为，因而从逻辑上讲也就不可能承担行政法上的责任。除非这些事实行为的主体触犯了刑律、腐败到只能用刑法手段将其绳之以法的地步。但刑法手段的事后性、处理的个别性又很难成为腐败现象的根本性的矫治方案。可见，由于行政行为这一概念所强调的"法律性"，对这些事实行为简直就是"无法可施"，行政法难以起到应有的防范作用。

3. 职权性的结果：间接"引发"行政主体的强制"脾气"

行政行为所强调的是职权性，由于没有相对方的权利与之形成对峙的牵制机制，因而行政行为就成为行政主体一家的执法行为，而不需问及相对方意思表示为何。在现实中，这一属性被制度合法化之后，行政机关便习惯于使用权力手段去执法，警告、罚款、拆迁、强制等不一而足，而行政指导、行政服务、行政资助和行政合同等非强制性行政行为则难以纳入行政行为的范围，以至于只被称为"非权力行为"[①]，这一称谓背后的潜在前提就是承认权力或职权的强制属性。在很多学者的眼中，"权力意味着强制"几乎成为不言而喻的共识。但强制性手段的事后性、范围有限性、作用消极性、成本高耗费性及威信递减性却是值得慎重再慎重的，毕竟强制手段与建设和谐社会的目标是不太合拍的。

4. 外部性引发的后果：行政相对人与公务员的"双重悲剧"

在通说的行政行为概念之下，行政行为被认为是行政主体的外在的行为方式，而内在的动机、目的却不是行政行为所要表达的内容。这样，行政行为这一概念就将行政主体的内在意思忽略了，而且行政主体目的的合法性与手段的合理性就与相对方无关，相对方当然也就无权过问，这样便将相对方的意思表示及其行政行为挡在政府的门外。在这个意义上，狭义的行政行为概念就成为一道横亘于政府与百姓中间的墙。同时，由于行政行为强调外部性，则公务员与行政机关所结成的内部关系也不能纳入行政行为框架之内，公务员的晋升、辞退成为内部行为，即便这样的行为后果可能影响公务员的基本权利，受到不公待遇的公务员甚至不能将其告上法庭。可见，行政行为的外部性特征同样也构成了行政主体与公务员之间的一堵墙。在这个由两堵墙所构成的博弈舞台上，没有人是胜利者：不能参与行政决策的相对人固然可悲，不能主宰自己命运的公务员也同样可悲，而貌似取得大权的要员却更可悲，因为不受监督的权力往往抵不住种种诱惑的侵蚀，且在诱惑之后必然是一个巨大无比的深渊。

综上所述，我国通说的行政行为概念给行政法律制度的理论和行政法律的实践都带来了很多不便，我国目前诸多的非法治现象或多或少直接或间接地都与这一概念的狭义性和片面性有关。因此，我们需要在深刻且全面反思的基础上进行新的概念创新。

3.2.3 以新的行政行为概念回应现实挑战

通过前文的分析可以看出，要克服我国目前行政法治的弊端，建构新的符

[①] 莫于川. 非权力行政方式及其法治问题研究 [J]. 中国人民大学学报，2000，14（2）：83-89.

合现代法治和民主潮流的新型政府，必须要重塑新理念、建构新的法律制度，而这个新的法律制度又以行政行为这一基本概念为要。为此，笔者认为，这一新的行政行为概念应当是一个以双主体为结构要素且可以充分容纳多种行政行为的、以开放为特征的新概念。

（一）新的行政行为概念的结构

本书所述的新的行政行为概念包括两条逻辑线索：一条是行政主体，另一条是行政相对方主体，两方均是行为的主体。行政行为是一个双方共同参与的过程，由两个平行的、互动的行为链组成。用公式来表达这种结构就是行政行为 = 行政主体的行政行为 + 行政相对方的行政行为（见图3-1）。

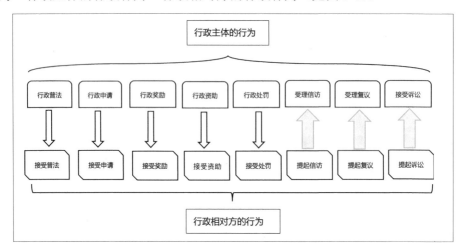

图 3-1 新的行政行为概念的结构示意图

1. 主体的完整

行政行为的概念需要两个平等的"角色"来担当主体，这种双主体的行政行为概念更直接地体现出相对人与行政主体的平等地位，这样，长久以来存在于行政主体与相对人之间的那堵厚厚的墙就此被彻底打开。显而易见，在这样的行政行为结构当中，实行民主是自然而然的事。更为重要的是，这样的结构清楚地揭示出要实现行政法治，不能单靠一方的力量，而是需要双方共同参与。

2. 过程的全面

与行政行为主体的双方性相联系，这样行政行为就必然成为一个双方互动的全过程，不但外部行为，内部行为也成为整个过程中的一个组成部分。因此，在这样的结构下，行政机关内部的决策，公务员的录用、辞退等种种行为自然成为行政主体的行政行为，这些行为也自然地受到监督。与此相对应的是，行政救济、司法救济的范围也宽泛了许多。而且，这与"透明政府"的要求也十分契合。

3. 内容的延伸

与前面的两点相联系，行政行为在内容方面也得到纵深性拓展，与通说的行政行为中所说的"具有法律意义、产生法律效果"的行政行为不同的是，这一概念结构不在主观的判断标准上纠缠，转而以一种客观的态度，将有直接或间接法律效果的行为均纳入行政行为当中，这样就使行政行为的包容性大大增强，这一概念的内容也就因之而更加饱满。可见，行政行为在概念内容方面的延伸为"责任政府"提供了必要的制度性前提。

（二）行政行为的新概念

由于行政行为概念结构的变化，必然带来其内容的全面更新。如果顺着以上结构示意图所表达的意思再进一步挖掘，行政行为的新概念就呼之欲出了。笔者认为，行政行为可以这样定义：行政行为是由行政主体的行政行为和行政相对方的行政行为两个方面的行政行为组合而成的，且双方的行为互为条件、互相衔接。具体来说，行政行为是指在行政领域中行政主体与行政相对人之间、行政主体与内部公务员之间、行政主体之间为实现行政目的或相对人的意志，以不同的权力方式和权利方式而体现出来的互动行为或作用过程，其结果可以对双方的权利义务或权力职责产生直接或间接的法律效果。行政行为的实质是行政主体与行政相对方主体之间为满足各自需求而不断进行的交互式博弈。这一概念包括如下几个要素：

1. 行政行为主体的双方性

国家行政机关或法律、法规授权的组织和个人与公民或法人都可能成为这一概念构造中的两方主体，且每一方主体亦都可能是复合性主体。在行政主体当中，主体的复合性比较明显，因为行政主体常有两重主体，第一重是制度主体，即抽象主体，表现为机关法人，以政府组织的形式出现；第二重主体是具体主体，体现为公务员，以个人的形式出现。这是行政主体的特殊的二重构造。

这种二重性的构造存在着行政组织的意志与公务员的个人意志不一致的可能性，即组织的公共性意志和个人的私人意志不一致性，但这种不一致性正是指出了对公务员的行为以及对制度主体的行为进行法律控制的必要性。在相对人一方，包括自然人主体与法人主体，法人主体同样具有复合性质。

2. 行政行为目的的多元性

在这一概念的构造中有来自两个主体方面的目的，一方面是基于行政主体的意思表示，一方面是基于行政相对人的意思表示，二者之间的目的和动机不同。正是由于二者之间的目的和动机的不同，沟通、协商、合作才成为可能。在目前的行政行为理论当中，行为的目的性常被从行政行为当中剥离出去，特别是行政相对方的目的和动机更是不受到关注，仿佛行政行为只为实现行政主体一方的目的而存在。之所以造成这样的认识，与行政行为概念当中主体的单方性有着直接的关联。从行为目的的结构而言，行政行为的目的具有多元性的构造，是行政主体的意志、公务员的意志及相对方的意志的综合体。因此，一个成功的行政行为，是在调动三方积极性的前提下互相配合、共同合作的结果。

3. 行政行为内容的公共性

行政行为的内容是双方行为反映的实质要素，具体地说是行政主体的权力和行政相对方的权利。在行政领域中，行政权力和相对方权利均具有公共性。为描述行政主体和相对方主体在公共领域中的活动，日本行政法学界存在"私人的公权利"这一概念，与行政的公权力相对应[1]。从行政行为概念的逻辑构造来看，行为内容的双方性是行政行为双方性的内在基础[2]。因而在行政行为实施的过程当中，双方围绕的是公权力和公权利。简言之，行政主体的权力和行政相对方的权利共同构成了行政行为的内容。因此，行政行为就不仅仅是行政权这种公权力的外化形式[3]，而且也是相对人在公共领域诸种公共权利的外化形式。

---

① 田中二郎. 行政法总论 [C]// 杨建顺. 日本行政法通论 [M]. 北京: 中国法制出版社, 1998: 189-192.

② 公法学中与公权力这一核心范畴相对应的一个概念是公权利。公权力与公权利的关系是贯穿公法始终的逻辑主线。参见姜明安. 公法学研究的几个基本问题 [J]. 法商研究, 2005（3）: 4-10.

③ 朱维究, 胡卫列. 行政行为过程性论纲 [J]. 中国法学, 1998（4）: 67-73.

4. 行政行为客体的相争性

权利义务与权力责任共同指向的对象，一般可概括为利益。对于行政主体来说，行政行为的客体指向公共利益，而对于行政相对人来说，行政行为的客体则是指向私人利益的。行政行为主体的双重构造，决定了行政行为客体两种利益的矛盾性。但正是这种矛盾的客观存在，才使我们能够更加客观地看待其间的冲突，逼迫我们去寻求解决纷争的更优方案。

5. 行政行为方式的多样性

双重的主体和双重的目的必然导致行政主体和相对人主体选择不同的方式来达到自己的行为预期，由于主体双方享有不同的权力职责和权利义务，其各自的自由裁量内容和限度也就不一样。这样，不论是"软"的行为方式或"硬"的行为方式都是有可能的。因此，只有确定行政行为方式的多样性，才能把不同方式的行政行为纳入行政行为概念当中，进而才能有效地扩大行政诉讼的受案范围。

6. 行政行为过程的共在性

行政行为是一个多主体在时间维度上的动态推移过程，在法律规范的层面上表现为不断推进的行政程序。不论是行政主体还是相对方主体，二者均具有程序性权利和程序性义务，因为要实现主体的实体权益，必须通过程序这种形式性的制度装置。

7. 行政行为结果的复杂性

行政行为结果是行为的主体受目的的驱使而作为或不作为所产生的直接或间接的法律后果。结果既是行政主体各自内在意志的实现，也是行政行为双方行为过程的所得。从因果规律来看，这是一个多因一果、一因多果或者多因多果的复杂过程。因果规律的复杂性使人们很难以直接或间接为标准对行为与结果作出一分为二的判断。正是因为因果关系的复杂性，促使人们进行更加理性的思考，在没有进行全面的衡量之前，断不可将自认为没有因果关联的事实抛弃于外。

总之，行政行为概念是一个具有双方主体、具有多种要素的概念，这一概念既具有立体的结构性特征，也具有动态的过程性特征，是与现实行政生活中的行政行为相契合的一种客观表达：在这一概念构造中包括主体要素、目的要素、内容要素、客体要素、方式要素、过程要素及结果要素。综合来看，行政行为是在行政领域当中，发生于行政主体和行政相对人之间，基于二者之间的不同目的追求而表现出来的，具有法律意义的行为及结果之全部过程。

3.2.4 行政行为概念的作用

正如前文所述，行政行为的概念是一个行政法的基石性概念，行政法的其他内容几乎均与这一概念有着密切的关系。行政行为不仅是行政主体实现其行政目标的必由之路，而且也是行政程序的规范对象，在行政救济和司法救济当中，行政行为依然是救济制度围绕的核心。因此，当我们对旧的行政行为概念进行全面更新以后，自然会对行政法治的理论和实践产生直接和间接的影响。具体而言，新的行政行为概念的作用体现在如下几个方面。

（一）有助于国家与公民之间构建新型的合作关系

由于传统的行政行为概念中强调的单方性的特征，常使行政行为指向强制性的行政行为。在我国目前的行政行为方式当中，行政调查、行政命令、行政许可、行政处罚、行政强制占据着主导地位。在实践当中，这些行为由于可能侵犯到相对人的合法权益，受到司法审查的可能性很大。对于行政机关来说，上述行为方式受到程序法治的严格控制。这类行政行为意味着高风险、高成本、高负面效果。在我国的公民权利意识、参与意识、主体意识都在不断增强的情况下，上述行为方式日渐衰退，各级政府特别需要重新构建出一套适合于建设和谐社会的行政行为模式，即非强制性行政行为[1]。从非强制性行政行为这一类新行政行为方式来看，不论是行政指导、行政合同，还是行政资助及行政救济，由于这类行为具有的意志非强制性、目的多元性、内容自由裁量性、手段灵活性、依据广泛性、权力现代性及利益驱动性等特点，使其可以广泛运用于各种领域、各种行业的行政管理当中。这类行为可以调动相对方的积极性，可以在法所不及的领域收到事实上的效果：既可以

---

[1] 所谓非强制性行政行为，是指行政主体和行政相对人在其各自的法定职权和权利范围内，为实现各自的目的，依据法律规范或法律原则、精神或政策，采用计划、指导、调解、合同、资助等非强制性的方式和手段，自愿地为或不为某种行为的行政行为，在这类行为方式当中，行政相对方的意思表示起最后的决断作用。

被运用于产业结构的调整，也可以被运用于扶贫和社会福利保障事业。这类非强制性行政行为如果能够满足科学、民主、法治的具体要求，有可能在未来岁月里成为具有深远影响和现实效果的行政行为方式。在新的行政行为概念当中反映出来的国家与公民之间的关系呈现出这样一种状态：公民的权利得到国家公权力的尊重和认同，公民的意志得到国家意志的尊重，公民的自由选择得到国家的宽容，公民需要实现权利的条件得到国家的大力扶助，这种状态反映的就是国家与公民之间的信任与合作。在这种状态下，形成政府引导－公民响应、政府服务－公民参与、政府扶持－公民发展、政府诚信－公民信赖的良性治理关系，而这种关系正是我们长久以来欲求的国家与公民之间的和谐关系的写照。

（二）有助于完善未来的《行政诉讼法》受案范围制度

在我国目前的行政诉讼法律体系当中，明显是以单方的具体行政行为作为基本标准的，采用这一标准自然将行政相对方的行为排除在外。而且由于我国的行政诉讼制度又同时采用了至少三种不同的分类标准（具体／抽象、内部／外部、强制／非强制）来鉴别行政行为的种类，并进而以此为标准将抽象行政行为、内部行政行为和非强制性行政行为排斥于诉讼范围之外。正如前文所分析的，这种思维方式是将行政行为与行政行为的分类混在了一起。为此，我们认为应当正本清源，将行政诉讼的功能定位于对行政主体的行政行为的审查之上（当然这其中也包括审查行政相对人的行为是否合法、是否承担责任，但这种审查是附带性的，只是作为审查行政主体的行政行为所必须的内容而已）。为此，这里的行政行为就应当是最广义的行政行为本体，而不是某一种分类后的行政行为。

行政诉讼受案范围一直是久困我国行政诉讼制度的重大问题。解决这一问题的核心技术在于以何种"诉讼标的"作为受案范围的标准。笔者以为，如果能够在具有双方主体的行政行为概念的基础上，采用"行政主体的行政行为"将有助于解决这一难题。具体而言，在受案范围的问题上，没有必要被概念、概念的分类及概念的分类之间的关系这些假问题所捆绑，我们应该以一种实践性的思维进路来确定受案范围，即让行政诉讼的受案范围之基础稳稳地落于"行政主体的行政行为"之上，因为"行政主体的行政行为"才是行政诉讼所要针对的目标：相对方的权益也正是被"行政主体的行政行为"所侵害才提起行政诉讼，司法权对行政权的监督和控制亦是通过对"行政主体的行政行为"的审查而实现，行政法律责任的确定同样是通过对"行政主体的行政行为"的违法性认定而落实。是"行政主体的行政行为"这个概念表达了现实的生活，从而取得了在不同的具体的行政法律制度体系里贯通的能力。正是由于"行政主体的行政行为"具有特殊功能，我们才将其用来确定行政诉讼的受案范围。这样不但可以化解抽象与具体、内部与外部之争，而且可以将行政诉讼与民事诉讼和刑事诉讼划清界限，从而达到广泛救济相对人权利的目的①。

（三）有助于完善未来的《行政程序法》的结构体系

从我国行政执法的现实来看，对于需要守法、用法的相对人来说，特别需要一部统一的行政程序法典，他们可以通过这部法典看到一个完整的行政生活的"全景图"，而且在这个"全景图"中，他们自己具有何种权利、义务也被明明白白地写在里面，哪些必须服从，哪些可以自己作主、自由选择；当权利被侵犯时，又如何以最快的速度、最低的成本、最和平的方式得到救济。对于行

---

① 在此思路之下，可以考虑将《行政诉讼法》及《行政诉讼法若干问题的解释》中有关受案范围的条款进行统一。笔者以为，可以将行政诉讼的范围确定为：公民、法人和其他组织认为行政机关或其工作人员的行政行为可能侵害其合法权益的，有权向法院提起行政诉讼。理由：1）以"行政主体的行政行为"作为基本的行为形式，令这一概念包含了强制和非强制性行政行为、抽象和具体行政行为、内部和外部行政行为等不同种类的行政行为，这样就可以让更多的行政行为受到法院的监督，即使将来出现了更多的对行政行为的分类，这一基本的制度也不会丧失功能。同时，这种宽泛的标准也不至于冲淡学理上的分类研究。更为重要的是，以"行政主体的行政行为"作为基本判断条件，可以使《行政诉讼法》与《行政程序法》在体系上、结构上及制度内容上相互对应，从而使行政行为、行政程序、行政救济、行政责任几大"板块"的法律制度之间不至于产生逻辑上的不"和睦"。2）这一条款的主要出发点是保障相对人的诉权，以确立相对人的主观标准作为受案依据，有利于相对人实现其诉权。3）这一条款突出相对人的诉权以可能性为初始判断，可能性的标准当然不具有确切性的含义，但在起诉时就要求相对人对事实具有确切性的认识，一则不可能，二则不必要。在行政案件当中，专业性、复杂性都使得相对人没有充分的条件去进行准确的判断，但正是这种怀疑和推测才使他有勇气去敲开法院的大门，也正是这种疑问，才需要法官去明断秋毫、定分止争。

政相对方的上述需求，我们认为在未来的《行政程序法》中可以找到希望：相对方不但是行政程序的主体，而且也是实际行政行为的主体，其在行政救济和责任中的主体地位也得到承认。进一步而言，如果未来的《行政程序法》能够采用新的行政行为的定义，就可以很方便地将这一实定法覆盖住绝大部分的行政行为，这样也就可以改变《行政许可法》《行政处罚法》《行政强制法》等诸多单行的行政行为法的分散、不统一状态。

3.2.5 行政行为对于生态环境保护的作用

行政行为在以宪法为核心的法律体系中处于核心地位。具体来说，从以下几点体现出来：

第一，《宪法》序言特别规定了"生态文明"的新模式，将"生态文明"列为与"物质文明、政治文明、精神文明、社会文明"并列的一种文明模式。

第二，《宪法》第二十六条规定："国家保护和改善生活环境和生态环境，防治污染和其他公害。国家组织和鼓励植树造林，保护林木。"第九条规定："国家保障自然资源的合理利用，保护珍贵的动物和植物。禁止任何组织或者个人用任何手段侵占或者破坏自然资源。"这两条既规定了国家的保护性行为，也规定了公民、组织的禁止性行为。

第三，《宪法》第八十九条规定："国务院行使下列职权：（一）根据宪法和法律，规定行政措施，制定行政法规，发布决定和命令；（二）向全国人民代表大会或者全国人民代表大会常务委员会提出议案；（三）规定各部和各委员会的任务和职责，统一领导各部和各委员会的工作，并且领导不属于各部和各委员会的全国性的行政工作；（四）统一领导全国地方各级国家行政机关的工作，规定中央和省、自治区、直辖市的国家行政机关的职权的具体划分；（五）编制和执行国民经济和社会发展计划和国家预算；（六）领导和管理经济工作和城乡建设、生态文明建设；（七）领导和管理教育、科学、文化、卫生、体育和计划生育工作；（八）领导和管理民政、公安、司法行政等工作；（九）管理对外事务，同外国缔结条约和协定；（十）领导和管理国防建设事业；（十一）领导和管理民族事务，保障少数民族的平等权利和民族自治地方的自治权利；（十二）保护华侨的正当的权利和利益，保护归侨和侨眷的合法的权利和利益；（十三）改变或者撤销各部、各委员会发布的不适当的命令、指示和规章；（十四）改变或者撤销地方各级国家行政机关的不适当的决定和命令；（十五）批准省、自治区、直辖市的区域划分，批准自治州、县、自治县、市的建置和区域划分；（十六）依照法律规定决定省、自治区、直辖市的范围内部分地区进入紧急状态；（十七）审定行政机构的编制，依照法律规定任免、培训、考核和奖惩行政人员；（十八）全国人民代表大会和全国人民代表大会常务委员会授予的其他职权。"

第四，《环境保护法》用第五章专章规定了"信息公开和公众参与"事项，第五十三条规定："公民、法人和其他组织依法享有获取环境信息、参与和监督环境保护的权利。各级人民政府环境保护主管部门和其他负有环境保护监督管理职责的部门，应当依法公开环境信息、完善公众参与程序，为公民、法人和其他组织参与和监督环境保护提供便利。"第五十四条规定："国务院环境保护主管部门统一发布国家环境质量、重点污染源监测信息及其他重大环境信息。省级以上人民政府环境保护主管部门定期发布环境状况公报。县级以上人民政府环境保护主管部门和其他负有环境保护监督管理职责的部门，应当依法公开环境质量、环境监测、突发环境事件以及环境行政许可、行政处罚、排污费的征收和使用情况等信息。"

3.3 建构科学完整的政府责任体系

3.3.1 建构我国科学完整的政府责任体系的重要意义

（一）政府责任是通向法治政府的唯一途径

政府责任机制不但是重要的而且是不可替代的。从各国的法治发展历程看，没有哪一项制度能够像政府责任制度一样，产生如此全面、广泛、深刻而长久的制约作用；不论是政府的更迭，还是官员的升迁或罢免，没有任何一个国家的政府或者官员可以回避自己的责任。从世界宪政思想史同样可以看到，政府责任也是每一个法学思想家及立法学家所要攻克的"堡垒"，原因显而易见，如果不将国家的责任、政府的责任设计好，整个国家的法治大厦就会坍塌崩溃。难怪美国行政学家费斯勒这样说："尽管公共行政学的主题多样且研究途径不同，但有一个问题仍处于支配地位，这就是宪政体系中的行政责任问题。"他的话表明了这一问题的不可回避性和不可替代性，直截了当地指出了建设科学的政府责任体系是建设法治政府的唯一途径。

（二）政府责任是政府与人民之间同心同德的桥梁

在党的十六届六中全会通过的《中共中央关于构建社会主义和谐社会若干重大问题的决定》中，明确地提出完善民主权利保障制度、法律制度、司法体制机制、公共财政制度、收入分配制度、社会保障制度的目标。如果从政府责任的角度来解读这些制度，可以看出，政府责任实际上是贯穿上述每一种法律制度当中的关键制度。从历史来看，任何政府的行为及其后果都是在政府责任的框架中实施的，而国民则是通过政府各种责任的承担来体验在国家中的地位和实际状况，并通过政府责任来认识政府、评价政府甚至选择政府的。在国家与人民中间，没有其他哪一种制度使两者联系得如此紧密、全面，也没有哪一种制度能比责任制度更直接、更生动地体现两者之间的多维关系。简言之，政府责任是政府实现政绩、人民获取福利的一体两面，是国家与人民互相建造、同心同德的必经桥梁。

（三）需要达成关于政府责任概念和建构政府责任体系的基本共识

总体来看，目前我国在政府责任方面并无基本共识。何为政府责任？行政责任、机关责任、公务员责任分别又指什么？立法机关的责任、行政机关的责任和司法机关的责任这三者之间有什么不同？责任是指政府的责任还是公务员的责任，是集体负责还是个人负责？国家公务员所承担的责任是道德责任、政治责任还是法律责任，这几者之间应当如何区分？如何操作？一个具体的责任事故当中，行政机关或者公务员是承担民事责任还是刑事责任抑或是赔偿责任，或者是几者共担？不同形式的责任在公务员、国家机关这两种不同的主体之间如何安排？在这些基本的理论范畴上，人们的认识难于统一。虽然现实中人们广泛运用政府责任这一概念，但政府责任的含义却有着诸多差别。即便将目光投向世界上其他法治发达的国家，我们同样发现其政府责任的内涵同样具有模糊性、不确定性。由于不同国家的宪政模式、制度结构、思想理念、变迁程度均有很大差别，因此，目前世界上既没有一个统一而明确的政府责任概念，更没有一套整齐划一的政府责任制度体系。

3.3.2 政府责任的分类及其意义

政府责任是一个内涵十分丰富的概念。在对其内涵进行剖析之后，仍有必要对其外延进行研究。我们将通过对政府责任这一概念外延的不同分类而进一步挖掘政府责任在不同情境中的表现形态，以便于完整地勾勒出一个具有实践指导意义的"政府责任谱系"。

（一）按照政府责任追究主体来划分

据上述，政府责任可以被划分为由政党追究的政府责任、由行政机关追究的政府责任、由司法机关追究的政府责任、由相对方主体追究的政府责任、由公众舆论追究的政府责任。由政党追究的政府责任是指由政党作为政府责任追究主体的责任形式，这一责任形式的前提条件是责任主体必须是政党党员，这一责任形式所设定的责任标准也相对较高，凡道德、纪律、作风、思想等方面，都可以用党内责任的形式进行制约。由行政机关追究的政府责任是指由公务员的所在机关作为责任追究主体的责任形式，这一责任形式的前提是公务员与其所在的机关存在隶属关系。我国于2006年实施的《公务员法》规定了很广泛的公务员范围，这样就可以依据《公务员法》所规定的责任形式追究其行政责任。由司法机关追究的政府责任是指由公安局、检察院和法院作为政府责任追究主体的责任形式，包括刑事责任、民事责任及行政责任。由相对方追究的政府责任是由相对方作为追究主体的责任形式。由公众舆论追究的政府责任是由大众媒体参与的追究形式。由于权力的限制，后两种追究形式往往以追究伦理责任为主要目的，当然，它们也常常导致更为广泛、深入的责任追究。

（二）按照责任相对方的不同来划分

据前述，政府责任还可以划分为对行政相对方所负的责任、对上级政府机关和公务员的责任、对下级政府机关和公务员的责任。对行政相对方所负的责任是指政府责任首先要面对的是行政相对方，相对方是政府责任在宪法中"人民"这一政治概念的转化形式，相对方不论是特定的还是不特定的，也不论是具体的还是抽象的，对人民负责、对相对方负责始终构成了政府责任的最主要内容。对上级政府机关和公务员的责任与对下级政府机关和公务员的责任是政府责任在对内维度上所具有的两个侧面。这种划分方式的意义在于建立一个有全面组织支撑的责任体系，使政府责任不但在对外的维度上，而且在对内的维度上具有合理的架构，值得强调的是这三种责任还必须协调、统一起来。

（三）按照责任主体承担责任的方式来划分

据前述，政府责任还可以划分为政府内部责任和政府外部责任。政府内部责任是指责任承担主体对与自己同属一个系统的相对方而承担的责任，而政府外部责任则是指责任主体对与自己不同属于一个系统的相对方而承担的责任。前者应当是责任的主要形式，因为这是一种以隶属为基础的责任关系，是具有较强约束力且长期有效的责任形式。如果这种责任能够有效，就可以减少或防止外部责任的发生，从而有利于提高政府的威信。这种分类的意义在于明确公务员个人所承担的责任，这样便在最细小、最经常处加固了政府责任的"堤坝"。

（四）按照政府责任的行为方式来划分

据前述，政府责任还可以被划分为制定政策和法律的政府责任、执行政策和法律的政府责任和司法裁判的政府责任。制定政策和法律的责任是基于立法权而产生的政府责任，执行政策和法律的责任是基于执行权而产生的政府责任，而司法裁判的责任则是基于判断权而产生的政府责任。这种分类的根据在于公权力的不同性质：立法权的本质是规则的制定，执法权的本质是规则的运用和执行，而司法权的本质在于判断是非。这种分类在国家的宏观方面体现为立法、执法和司法的三权分立，在中观方面体现为狭义的政府同时具有行政立法、行政执法和行政司法三种不同的职能，在微观方面体现为决策、执行和监督人员的职责分工制。这种分类对于建构政府组织结构体系具有重要意义。西方宪政国家的政府结构也都致力于政府不同权力之间关系的铸造。运用这一分类去设计政府机构的权力配置，小则影响政府的工作效率，大则决定政府是否稳定，更为深远的是，它甚至会影响到一个国家的整体发展。

（五）按照政府责任的内在和外在层面来划分

据前述，政府责任还可以被划分为政府的伦理责任、政府的行为责任和政府的结果责任。政府的伦理责任是指因伦理方面的问题而承担的责任，重在思想层面控制。政府的行为责任是指因责任主体的行为而不论其道德或其行为所产生的后果而受到追究。而政府的结果责任则是指仅在出现危害后果的前提下才受到追究的责任形式。在这三种责任形式当中，伦理责任是一种最为高级的责任形式，因为这一责任形式要求凡是在伦理上不符合标准的思想、意识或态度都要受到追究。人的思想、意识或态度决定了他所采取的行为方式，因此在伦理上进行责任追究往往能起到防微杜渐的作用。以行为是否违法来界定责任的形式容易使人们只注意行为这一外在层面而忽视思想的内在层面。而结果责任的调整范围更为狭小，即只有发生明显的后果时责任主体才会受到追究，这是一种最为低级也是最为被动的责任形式。这种分类方式的意义在于为我们进行制度设计提供新的思路，使我们能够科学地设计政府责任的优先次序：首先注重道德责任建设，同时加强监督，巩固行为责任，最后才以结果责任为最终手段，强化整个责任体系。

综上，笔者认为，目前我国学者在揭示政府责任的外延方面并不全面，有的往往只注重几种有限的分类方式，而有限的分类必然使政府责任概念的体系难以完整地呈现出来，由此自然也就产生诸多的偏颇和不必要的困扰，不能达成基本的概念共识，无法尽早建构完整的政府责任体系。而通过对政府责任的不同分类则可以进一步印证政府责任概念的丰富内涵，更为重要的是，这些分类能够深度展现政府责任在不同层面、角度、阶段的各种形态，从而有助于达成关于政府责任概念和建构政府责任体系的基本共识。

3.3.3 政府责任的本质分析

政府责任的本质分析是指在形而上的层面上对政府责任再进行更为深化和抽象的理论思考；这种思考方式的特点是不受具体的、表面的现象或制度模式的限制，而是将思维的聚焦点对准其具有"总体性"的内在本质，从根本上弄清楚政府责任到底"是什么"；其主要目的是有助于未来研究者把握其本来含义，保证在进行理论分析和制度架构时能着眼于总体和本质，不受各种现象迷惑，保持正确的方向。

（一）政府责任是公共生活的一整套制度体系

从马克思的国家与社会二元理论来看，国家是从社会中产生并对社会发展起到巨大作用的制度机器。在国家与社会之间有着一道明显的分界线，政府产生于社会并根据一定的原则而组成，由于社会对于政府有所期待，因而令政府承担某些相应的职能，赋予其相应的权力，并借助于相关的监督机制使政府对社会托付的事项承担责任。因此，从宏观方面来看，政府责任其实是国家与社会之间的桥梁，是国家与社会之间的传递媒介。通过这个桥梁，使社会与国家在结构上能够互相支撑，在功能上互相补充，并在系统上互相回应。历史发展的过程也一再验证这一基本规律：不论是中国各个朝代的更替还是国外历次革命浪潮的接续，也不论革命的结果所选择的是民主政府还是专制政府，其所围绕的主题都是如何遴选出一个符合社会发展理想的政府模式。在这个意义上，政府责任可以说是国家与社会之间最为核心的联系机制，它要解决的是社会需要什么样的政府？政府应当如何管理社会，管得好如何，管得不好又如何？总之，政府责任是关于一个国家公共生活的制度体系。

（二）政府责任是多种主体之间行为和利益的调整机制

当一个社会将政府的模式确定之后，在社会与政府之间、政府与政府之间和社会单位与社会单位之间就形成新的利益关系，各种不同的利益关系借助不同的主体和主体的各种行为得到分配、交换和调整。不论是顺利的交换过程还是不顺利的交换过程，政府责任机制都充当着利益的分配者、调整者的角色，这种调整体现在不同主体的交往行为过程当中。

（三）政府责任是价值、规范和事实的统一体

首先，政府责任并不是单一的技术操作系统，相反，在政府责任机制的背后是整个社会的价值导向，对于民主、自由、平等、正义的理解充斥着政府责任制度的每一个环节。因此，在这个意义上，就不能从价值中立甚至价值虚无的角度来看待政府责任。其次，政府责任在以价值为基本出发点的前提下，往往采取规范的形式进行架构，道德规范、政策规范及法律规范是政府责任通常采用的规范形式。最后，政府责任所面对的是现实生活，也就是不同内容的生活事实，政府责任是一套充满现实感的机制。总之，政府责任是横跨于价值、规范和事实这三个层面的制度体系。由此，它的综合性和复杂性不容将其简单化处理，即不能只注重其个别属性，而必须在统一的、融贯性的思路下，完整地、全面地对待这一重要机制。

可见，在本体论层面上，政府责任是一个介于国家与社会之间，具有分配和调整功能，并且能够通过价值、规范和事实这三种要素的结合而实现理论联系实践的重要制度。正是由于政府责任所具有的特殊性质、特殊功能，更加突显了政府责任这一制度的重要性，它对社会发展、国家稳定所具有的全面、深远的意义值得我们进行探索。

3.3.4 建构我国科学完整的政府责任体系之要点

政府责任体系的建构是一项十分复杂的系统工程，不仅需要良好的可操作性，而且还要具有科学性。总体而言，根据政府责任的概念，笔者认为我国的政府责任在宏观维度下，应进行以下几个主要方面的建构：

（一）健全政府责任的四种结构性机制

通过前文的分析可以看出，政府责任的实现要经过一个完整的过程，这个过程包括责任的设定、责任的履行、责任的监督和责任的评价四个不同内容的阶段。因此，宏观的责任制度体系亦应与此过程相一致，具备责任赋予、责任履行、责任追究和责任评估四种不同的责任机制。我国目前的责任机制建设当中，突出的问题是赋权机制不完善、履行机制缺乏保障、追究机制软弱无力、评价机制总体缺位。为此，笔者认为有必要从责任制度的整体上进行责任机制的建设。

（二）建立与政府责任机制相适应的关键要素系统

通过前文的分析可知，政府责任机制中必须具备相应的要素才能支撑起责任机制，这些要素包括主体要素、行为要素、结构要素和程序要素。我国目前在责任机制的要素方面所存在的问题在于责任承担主体不完整、不配套，承担责任的行为方式被动、单一，结构要素经常被忽略，责任实现的程序残缺不全、互相冲突。突出表现为还没有一部完整的行政程序法典。因此，笔者认为：

（1）在主体方面，应当加强责任机制当中相关主体的责任配合能力，从总体架构上保证三种主体之间的互相制约和协调互动。具体而言包括三个方面：第一，使责任承担主体与其具备的权力相适应，具备责任能力，在权力范围内能够对自己的行为负责。第二，使责任追究主体多元化，并使责任追究主体具备相应追究能力，能够及时发现问题，追究相关组织和人员的责任。第三，使责任相对方主体具备评价能力，使其在日常的交往当中有机会表达自己的意见和体会，监督政府和公务员的行为。

（2）在行为方式方面，应当加强责任履行行为、责任追究行为、责任评价行为的多样性。具体而言包括三个方面：第一，使责任承担主体富有积极意识、创新意识、法治意识，增加用更科学、更合理方式履行职责的主动性，减少责任的消极怠惰和保守倾向，减少违法行为。第二，使责任追究主体的追究行为更加容易、方便。第三，强调相对方主体的积极回应行为，使其能够更多地参与到行政责任当中。

（3）在责任的逻辑结构方面，科学地把握责任内容、责任行为方式、归责原则、责任承担方式等责任之间的内在关系，使政府责任具有正确、完整的结构体系。具体而言，在以下几个方面需要进行梳理：第一，以责任内容作为建设责任政府的评价目标，使之起到引导作用。第二，以责任行为方式作为建设责任政府的手段，积极开拓具有创新性的行政手段。第三，使归责原则作为媒介，科学连接目标、手段和承担责任方式。第四，以责任承担方式作为责任的最终归结，使整个责任体系"站立"起来。

（4）在程序方面，笔者认为应当使程序与不同的责任主体及责任主体的行为相配合。具体来说，在以下几个方面的程序需要加强：质询程序，调查程序，听证程序，处分、奖励程序，公开程序，救济程序，评估程序。

（三）理性划定政府责任的范围和内容

从政府责任的内容来看，政府的责任包括伦理责任、政治责任、行政责任、法律责任。由于这几种责任的性质和内容各有侧重，因此必须从整体上进行责任配搭。

（1）从整体上看，我国目前还缺少政府伦理和公务员伦理方面的立法。一般而言，政府伦理也称为国家伦理，指政府作为一个主体所应当具有的道德属性，它是一种制度的道德形式；而公务员的伦理则是指公务员所应具备的与其所担任的公共职责相适应的职业道德。由于在这两个方面缺乏相应的制度，使政府的伦理责任归于虚无。而由于伦理责任的缺位，导致政治责任、行政责任、法律责任的内在"软弱"。因此，笔者认为应当制定《政府道德责任法》来规范政府和公务员的道德责任。

（2）政治责任要以思想统一、方向引导、政策制定、干部选拔为主要方式。目前，这些责任方式还没有形成一个严密的体系，在发展导向、政策决策、干部选拔等方面，政党及党员如何承担责任，是直接责任还是间接责任，是集体责任还是个人责任抑或是连带责任，这些都是十分模糊的，因此必须建立清晰的政治责任体系。为此，应当制定《政党责任法》，使各党派成为能够承担执政责任或参政责任的政党。

（3）就行政责任来说，由于绩效评估制度还没有完全建立起来，导致决策责任和执行责任还无法有效区分，政府的责任制定得如何、执行得好与坏没有办法进行评价。因此，当务之急就是建立政府绩效评估制度，以使政府责任成为可以衡量和评价的对象。为此，应当制定《政府绩效法》，将政府所承担的经济和社会责任加以量化，用科学的手段去管理政府。

（4）就法律责任而言，一般是将法律责任的重点放在违法行为的惩处上，这是一种消极意义上的责任制度。从我国目前的法律责任制度来看，政府的违法责任的主体往往是个人，而集体责任却规定不全；同时，由于赔偿标准的限制，相对方得到的赔偿也十分有限。从总的方面来看，我国目前的法律责任还是有所欠缺的。为此，我国应当建立统一的《政府违法责任法》，界定违法责任，使违法行为受到追究。

3.4 政府生态责任

3.4.1 政府生态责任的概念及生态责任的特征

（一）政府生态责任的概念

有学者认为，政府生态责任是指政府根据生态环境的承载力，在促进经济、社会和人的全面发展的同时所担负的保护和治理生态环境，引导企业、公众和社会组织参与生态治理，保证生态平衡与经济社会可持续发展的责任。政府的生态责任是其政治责任、行政责任和道德责任的一种延伸，但是又不像其他责任一样相对独立存在，而是渗透于其他责任之中，是政治责任、经济责任、道德责任的统一体[1]。

---

[1] 周文翠.改革开放以来政府生态责任的演进与启示[J].长白学刊，2018（6）：1-7. 改革开放40年来，随着党和政府对生态环保问题认识的不断深化，政府生态责任也经历了生成拓展的演进历程：生态责任的主体地位从模糊到明确，生态责任的内容从单一到多元，生态责任的关注范围从本民族到全人类。从理念宣传教育到制度健全完善，从行为监督管理到产品供给服务，从区域协调合作到命运共同体建设，政府的生态责任不断拓展，生态环保工作日渐渗透于经济、政治、文化以及社会工作的各方面和全过程，政府生态治理能力日益增强。政府生态责任从经验、技术层面到科学层面再到文化、文明层面的演进历程表明，中国生态环境问题的有效解决必须以政府为主导，坚持依法治理，坚持协同共治，坚持他国经验的中国式借鉴，形成生态治理的中国特色。

如前所述，政府责任是指这样一个完整的制度体系，即政府为实现一定的管理目标，在法律规定的相应职权范围内，针对不同的责任相对方主体，依据法律和政策所规定的责任内容实施既定的法律行为，并依据不同的归责原则、行政程序而承担不同形式的责任后果的制度体系。而政府生态责任是政府责任中的一个重要组成部分，政府生态责任是政府在对自然生态、社会生态进行管理的过程中，所承担的具有国内、国际双向维度的生态责任。

（二）政府生态责任的特征

1. 政府生态责任具有科学性

由于生态系统是一个天然的巨系统，其存在有着不随人类主观意愿而改变的客观性，其运行也遵循自然的逻辑规律。因此，政府生态责任首先必须建基于"尊重自然、顺应自然"前提之上，使政府生态责任的赋权、履行、追究和评估都以科学规律为基础。政府生态责任的科学性通过两个层面反映出来，一是自然生态的科学性，二是社会生态的科学性，这两个生态系统的科学性要系统对应。

2. 政府生态责任具有全面性

政府生态责任既涉及整个社会的生产、消费、分配的社会运行全过程，也涉及自然生态系统的方方面面，不论是河流山川、花草虫鱼，都是政府生态责任里的一个精微环节。相对于政府的政治责任、经济责任、社会责任，政府的生态责任涉及的管理横向领域最全面，涉及的纵向层级也最精深。

3. 政府生态责任具有多维结构协调性

继党的十八大报告将生态文明建设纳入"五位一体"总体布局后，党的十九大进一步提出，加强对生态文明建设的总体设计和组织领导。对生态文明的高度重视，在党的根本章程中同样得到充分体现。《党章》修改时特别增加了生态文明的内容，党章明确规定："中国共产党领导人民建设社会主义生态文明。"2018年将生态文明写入宪法，体现了党的执政属性、党的主张成为国家意志。因此，在政府生态责任里，既有政府责任，又有政党责任，具有双重色彩。同时，政府生态责任还具有两个面向，既面向国内生态环境，也面向国际生态环境。政府生态责任履行得如何，与企业是否承担企业生态责任、公众是否承担公众生态责任密切相关，是一种全面协调的责任形态。

4．政府生态责任具有国际维度

任何一个国家的政府所担负的生态责任，并不只对国内产生影响，生态责任具有鲜明的国际属性，政府的生态责任需要在国家之间、政府之间、企业之间进行多元、多维、多层次的合作与互动才能达成，是一种协调责任。为了赢得其他国家的信任，中国政府首先承诺将自觉遵守国际环境保护相关条约，"积极参与应对气候变化国际合作，推动全球应对气候变化取得新进展"①。作为一个负责任的大国，中国政府还致力于生态环保国际合作机制的探索，提出应"坚持共同但有区别的责任原则和公平原则，建设性推动应对气候变化国际谈判进程"②。之后，中国陆续发表了与美国、巴西、印度、欧盟、法国等的气候变化联合声明，推动了气候谈判多边进程。2013 年 2 月，中国提出的生态文明理念推广决议案，在联合国环境规划署获得一致通过，为全球生态环境问题作出了重要贡献。习近平在莫斯科的演讲中指出，"人类生活在同一个地球村里"，这个世界已经"越来越成为你中有我、我中有你的命运共同体"③。此后，命运共同体思想多次在不同场合被重申和深化。面对全球生态环境危机的现实困境，命运共同体思想摈弃了零和博弈的旧观念，倡导共有地球家园的新理念，为推进全球生态建设贡献了中国智慧和中国方案。2014 年 6 月，中国向联合国提交了应对气候变化国家自主贡献文件，作出了 2030 年之前的减排承诺，担负起了全球气候问题的一份责任。理论上，各国对生态命运共同体建设具有对等的责任，但从历史发展过程看，发达国家曾消耗了更多的能源资源，也从中获得了更多利益，所以"发达国家应该多一点共享、多一点担当，实现互惠共赢"④。2016 年，中国政府签署了《巴黎协定》，成为第 23 个缔约方。2017 年，环保部

---

① 历年国务院政府工作报告（1954 至 2019 年）[EBLOL].[2019-05-03].http：//www.gov.cn/guowuyuan/zfgzbg.htm.

② 历年国务院政府工作报告（1954 至 2019 年）[EBLOL].[2020-05-03].http：//www.gov.cn/guowuyuan/zfgzbg.htm.

③ 习近平.习近平谈治国理政（第一卷）[M].北京：外文出版社，2014：272.

④ 习近平.携手构建合作共赢、公平合理的气候变化治理机制——在气候变化巴黎大会开幕式上的讲话 [N].人民日报，2015-12-01（01）.

发布了《"一带一路"生态环境保护合作规划》，提出了加强生态环保政策沟通、开展生态环保项目和活动等生态环保合作举措，在实际行动上体现了中国政府着眼于全人类命运共同体建设的责任担当。

（三）政府生态责任的分类

1. 按照政府生态责任的对象性质来划分

按照政府生态责任的对象性质来划分可以将政府生态责任划分为自然生态责任和社会生态责任。所谓自然生态责任指的是政府对非人类文明干涉的生态环境、自然资源进行保护和治理过程中所担负的责任，而社会生态责任则是指对社会治理时涉及的生态环境所担负的责任。这种分类的价值在于明确运用不同的规律来进行生态治理，对于自然环境的治理责任是一种要遵循客观规律的责任形式，而对城市、乡村等社会环境进行治理，不但要遵循客观规律，还要遵循社会发展规律，是客观与主观相结合的责任形式。

2. 按照政府生态责任的行为方式来划分

按照政府生态责任的行为方式来划分可以将政府生态责任划分为积极的政府生态责任和消极的政府生态责任。所谓积极的政府生态责任指的是需要政府运用环境修复、生态维护、投资建设等积极的行政行为方式来实现的生态责任，而消极的政府生态责任则是需要政府运用划定红线、禁止侵入、原生态保护等行政行为方式来实现的生态责任。这种分类的价值在于帮助政府制定治理方案、采用合适的干预方式、确定政府治理生态环境的资金投向。

3. 按照政府生态责任的布局来划分

按照政府生态责任的布局来划分可以将政府生态责任划分为整体生态责任和区域生态责任。整体生态责任指的是政府对于生态环境的整体所承担的生态责任，而区域生态责任是指政府对于生态环境的局部所承担的生态责任。这种分类的价值在于划清政府生态责任的区域空间和层级责任，便于中央政府和各级地方政府在生态治理过程中承担不同层级的生态责任。

4. 按照政府生态责任的对象来划分

按照政府生态责任的对象来划分可以将政府生态责任划分为土地生态责任、水源生态责任和大气生态责任。土地生态责任包括对森林、草原、湿地、滩涂、山地、农田等以土地为载体的生态治理责任。水源生态责任包括对海洋、湖泊、河流、冰川等以水为样态的生态治理责任。大气生态责任包括对天空、外太空的空间为存在载体的生态治理责任。这种分类的价值在于区分环境治理的对象，使政府按照不同对象的自然规律进行分类治理。

5. 按照政府生态责任的阶段来划分

按照政府生态责任的阶段来划分可以将政府生态责任划分为生态立法责任、生态执法责任、生态司法责任、生态守法责任。这种分类的价值在于区分环境治理的不同阶段和不同内容，使政府在法治体系之内以不同的权力方式实现生态法治。

6. 按照政府生态责任的承担主体来划分

按照政府生态责任的承担主体来划分可以将政府生态责任划分为集体生态责任和个体生态责任。这种分类的价值在于区分生态责任承担主体的不同情况，使政府生态责任落实到不同的集体和个人。

7. 按照政府生态责任的形态来划分

按照政府生态责任的形态来划分可以将政府生态责任划分为民事生态责任、经济生态责任、行政生态责任、刑事生态责任。这种分类的价值在于区分不同形态的生态责任，对于造成生态损失的政府及各级官员分别追究其不同类型的生态责任。

8. 按照政府生态责任的行为方式来划分

按照政府生态责任的行为方式来划分可以将政府生态责任划分为生态规划责任、生态保护责任、生态修复责任、生态补偿责任、生态监管责任。这种分类的价值在于区分不同形态的行政行为方式，防范生态危险，搞好生态建设。

3.4.2 政府生态责任的逻辑结构

《宪法修正案》第三十二条规定：将"推动物质文明、政治文明和精神文明协调发展，把我国建设成为富强、民主、文明的社会主义国家"修改为"推动物质文明、政治文明、精神文明、社会文明、生态文明协调发展，把我国建设成为富强民主文明和谐美丽的社会主义现代化强国，实现中华民族伟大复兴"①。第四十六条规定：将宪法第八十九条"国务院行使下列职权"中第六项"（六）领导和管理经济工作和城乡建设"修改为"（六）领导和管理经济工作和城乡建设、生态文明建设"。由此可见，我国《宪法》把生态文明提高到与物质文明、政治文明、精神文明、社会文明并列的地位，同时将生态文明的建设明确纳入国务院职权范围之内，使生态文明建设成为一项独立的政府工作。由此，政府生态责任的概念在宪法的基础上得以确立。

---

① 《宪法修正案》第三十二条规定：宪法序言第七自然段中"在马克思列宁主义、毛泽东思想、邓小平理论和'三个代表'重要思想指引下"修改为"在马克思列宁主义、毛泽东思想、邓小平理论、'三个代表'重要思想、科学发展观、习近平新时代中国特色社会主义思想指引下"；"健全社会主义法制"修改为"健全社会主义法治"；在"自力更生，艰苦奋斗"前增写"贯彻新发展理念"；"推动物质文明、政治文明和精神文明协调发展，把我国建设成为富强、民主、文明的社会主义国家"修改为"推动物质文明、政治文明、精神文明、社会文明、生态文明协调发展，把我国建设成为富强民主文明和谐美丽的社会主义现代化强国，实现中华民族伟大复兴"。这一自然段相应修改为："中国新民主主义革命的胜利和社会主义事业的成就，是中国共产党领导中国各族人民，在马克思列宁主义、毛泽东思想的指引下，坚持真理，修正错误，战胜许多艰难险阻而取得的。我国将长期处于社会主义初级阶段。国家的根本任务是，沿着中国特色社会主义道路，集中力量进行社会主义现代化建设。中国各族人民将继续在中国共产党领导下，在马克思列宁主义、毛泽东思想、邓小平理论、'三个代表'重要思想、科学发展观、习近平新时代中国特色社会主义思想指引下，坚持人民民主专政，坚持社会主义道路，坚持改革开放，不断完善社会主义的各项制度，发展社会主义市场经济，发展社会主义民主，健全社会主义法治，贯彻新发展理念，自力更生，艰苦奋斗，逐步实现工业、农业、国防和科学技术的现代化，推动物质文明、政治文明、精神文明、社会文明、生态文明协调发展，把我国建设成为富强民主文明和谐美丽的社会主义现代化强国，实现中华民族伟大复兴。"（2018 年 3 月 11 日第十三届全国人民代表大会第一次会议通过）《宪法修正案》第四十六条规定：宪法第八十九条"国务院行使下列职权"中第六项"（六）领导和管理经济工作和城乡建设"修改为"（六）领导和管理经济工作和城乡建设、生态文明建设"；第八项"（八）领导和管理民政、公安、司法行政和监察等工作"修改为"（八）领导和管理民政、公安、司法行政等工作"。（2018 年 3 月 11 日第十三届全国人民代表大会第一次会议通过）

政府生态责任的逻辑结构指的是政府生态责任的抽象组织架构。政府生态责任的逻辑结构的价值在于建构政府生态责任体系。具体而言，包括如下三种逻辑结构：

（一）政府生态责任主体的逻辑结构

政府生态责任的主体是双主体的逻辑结构，即政府主体和社会主体，社会主体包括公民主体和企业主体。从目前我国生态环境保护行为的总量来看，社会主体造成的环境破坏、环境污染占绝大部分，而政府主体却承担着环境养护、修复和建设的绝大部分责任。这就构成一个巨大的不对称、不平衡和不协调（见图3-2）。

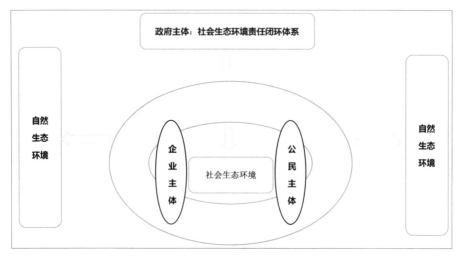

图 3-2 政府生态责任主体的逻辑结构示意图

（二）政府生态责任行为的逻辑结构

政府生态责任行为的逻辑结构在于政府行为的多样性，既包括行政立法行为，也包括行政执法行为和行政司法行为。而行政执法行为又包括强制性执法行为和非强制性执法行为。强制性执法行为又包括行政确权行为、行政征收行为、行政征用行为、行政处罚行为、行政强制行为、行政检查行为。非强制性行政行为则包括行政指导行为、行政资助行为、行政奖励行为。政府生态责任的行为逻辑结构在社会主体的一端来说，基本包括守法行为、违法行为（见图3-3）。

图 3-3 政府生态责任行为的逻辑结构示意图

（三）政府生态责任过程的逻辑结构

政府生态责任过程的逻辑结构也包括两条主线：一是政府在生态治理过程中，从制定生态法律、生态政策，再到进行生态修复、生态建设和生态监察、监管，最后到生态责任承担的整个过程；二是社会主体在生态治理过程中，从生态守法行为到生态责任履行，最后到生态责任承担的整个过程（见图 3-4）。

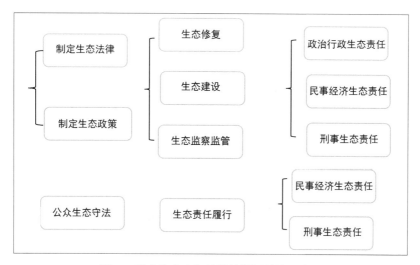

图 3-4 政府生态责任过程的逻辑结构示意图

3.4.3 政府生态责任的体系建构

（一）生态法律责任体系的概念

目前，我国生态法律责任的体系尚未建立，而如果没有一个框架式的体系，生态法律责任就是一个混乱的体系。可见，生态法律责任体系是一个十分重要的概念。

1. 生态法律责任体系的概念

生态法律责任体系是政府担负的所有生态责任之总和，是以生态环境的保护为最终目的、以责任为实施机制、以自然环境为中心设计的责任体系。

2. 生态法律责任体系达到的目标

生态法律责任体系以生态环境的保护为最终目的，是以社会环境和自然环境的保护为中心设计的责任体系，包括立法责任、执法责任、司法责任及守法责任（见图3-5）。

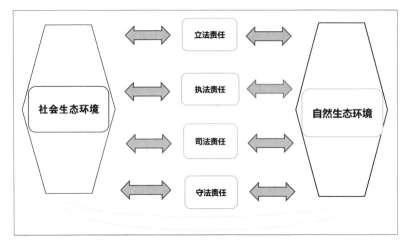

图 3-5　政府生态责任体系示意图

（二）政府生态责任的体系建构

党的十九届四中全会明确指出："生态文明建设是关系中华民族永续发展的千年大计。必须践行绿水青山就是金山银山的理念，坚持节约资源和保护环境的基本国策，坚持节约优先、保护优先、自然恢复为主的方针，坚定走生产发展、生活富裕、生态良好的文明发展道路，建设美丽中国。"大会确定了"坚持和完善生态文明制度体系，促进人与自然和谐共生"的基本发展思路。

1. 确定生态保护的国家责任

《宪法》第九条规定："矿藏、水流、森林、山岭、草原、荒地、滩涂等自然资源，都属于国家所有，即全民所有；由法律规定属于集体所有的森林和山岭、草原、荒地、滩涂除外。"这一条从宪法的高度界定了自然资源的范围，同时，将自然资源明确地划归在国家保护范围之内。《宪法》第八十九条将生态文明建设归入国家行政机关的职权范围，即由国务院行使"领导和管理经济工作和城乡建设、生态文明建设"的职权。

2. 健全环境治理领导责任体系

完善中央统筹，省自治区、直辖市负总责，市县抓落实的工作机制。党中央、国务院统筹制定生态环境保护的大政方针，提出总体目标，谋划重大战略举措。制定实施中央和国家机关有关部门生态环境保护责任清单。省级党委和政府对本地区环境治理负总体责任，贯彻执行党中央、国务院各项决策部署，组织落实目标任务、政策措施，加大资金投入。市县党委和政府承担具体责任，统筹做好监管执法、市场规范、资金安排、宣传教育等工作。

明确中央和地方财政支出责任。制定实施生态环境领域中央与地方财政事权和支出责任划分改革方案，除全国性、重点区域流域、跨区域、国际合作等环境治理重大事务外，主要由地方财政承担环境治理支出责任。按照财力与事权相匹配的原则，在进一步理顺中央与地方收入划分和完善转移支付制度改革中统筹考虑地方环境治理的财政需求。

开展目标评价考核。着眼环境质量改善，合理设定约束性和预期性目标，纳入国民经济和社会发展规划、国土空间规划以及相关专项规划。各地区可制定符合实际、体现特色的目标。完善生态文明建设目标评价考核体系，对相关专项考核进行精简整合，促进开展环境治理。

深化生态环境保护督察。实行中央和省（自治区、直辖市）两级生态环境保护督察体制。以解决突出生态环境问题、改善生态环境质量、推动经济高质量发展为重点，推进例行督察，加强专项督察，严格督察整改。进一步完善排查、交办、核查、约谈、专项督察"五步法"工作模式，强化监督帮扶，压实生态环境保护责任。

3. 健全环境治理企业责任体系

依法实行排污许可管理制度。加快排污许可管理条例立法进程，完善排污许可制度，加强对企业排污行为的监督检查。按照"新老有别、平稳过渡"原则，妥善处理排污许可与环评制度的关系。

推进生产服务绿色化。从源头防治污染，优化原料投入，依法依规淘汰落后的生产工艺技术。积极践行绿色生产方式，大力开展技术创新，加大清洁生产推行力度，加强全过程管理，减少污染物排放。提供资源节约、环境友好的产品和服务。落实生产者责任延伸制度。

提高治污能力和水平。加强企业环境治理责任制度建设，督促企业严格执行法律法规，接受社会监督。重点排污企业要安装使用监测设备并确保正常运行，坚决杜绝治理效果和监测数据造假。

公开环境治理信息。排污企业应通过企业网站等途径依法公开主要污染物名称、排放方式、执行标准以及污染防治设施建设和运行情况，并对信息真实性负责。鼓励排污企业在确保安全生产的前提下，通过设立企业开放日、建设教育体验场所等形式，向社会公众开放。

4. 健全环境治理全民行动体系

强化社会监督。完善公众监督和举报反馈机制，充分发挥"12369"环保举报热线作用，畅通环保监督渠道。加强舆论监督，鼓励新闻媒体对各类破坏生态环境问题、突发环境事件、环境违法行为进行曝光。引导具备资格的环保组织依法开展生态环境公益诉讼等活动。

发挥各类社会团体作用。工会、共青团、妇联等社团组织要积极动员广大职工、青年、妇女参与环境治理。行业协会、商会要发挥桥梁纽带作用，促进行业自律。加强对社会组织的管理和指导，积极推进能力建设，大力发挥环保志愿者作用。

提高公民环保素养。把环境保护纳入国民教育体系和党政领导干部培训体系，组织编写环境保护读本，推进环境保护宣传教育进学校、进家庭、进社区、进工厂、进机关。加大环境公益广告宣传力度，研发推广环境文化产品。引导公民自觉履行环境保护责任，逐步转变落后的生活风俗习惯，积极开展垃圾分类，践行绿色生活方式，倡导绿色出行、绿色消费。

5. 健全环境治理监管体系

完善监管体制。整合相关部门污染防治和生态环境保护执法职责、队伍，统一实行生态环境保护执法。全面完成省级以下生态环境机构监测监察执法垂直管理制度改革。实施"双随机、一公开"环境监管模式。推动跨区域跨流域污染防治联防联控。除国家组织的重大活动外，各地不得因召开会议、论坛和举办大型活动等原因，对企业采取停产、限产措施。

加强司法保障。建立生态环境保护综合行政执法机关、公安机关、检察机关、审判机关信息共享、案情通报、案件移送制度。强化对破坏生态环境违法犯罪行为的查处侦办，加大对破坏生态环境案件的起诉力度，加强检察机关生态环境公益诉讼提起工作。在高级人民法院和具备条件的中基层人民法院调整设立专门的环境审判机构，统一涉生态环境案件的受案范围、审理程序等。探索建立"恢复性司法实践＋社会化综合治理"审判结果执行机制。

强化监测能力建设。加快构建陆海统筹、天地一体、上下协同、信息共享的生态环境监测网络，实现环境质量、污染源和生态状况监测全覆盖。实行"谁考核、谁监测"，不断完善生态环境监测技术体系，全面提高监测自动化、标准化、信息化水平，推动实现环境质量预报预警，确保监测数据"真、准、全"。推进信息化建设，形成生态环境数据一本台账、一张网络、一个窗口。加大监测技术装备研发与应用力度，推动监测装备精准、快速、便携化发展。

6. 健全环境治理市场体系

构建规范开放的市场。深入推进"放管服"改革，打破地区、行业壁垒，对各类所有制企业一视同仁，平等对待各类市场主体，引导各类资本参与环境治理投资、建设、运行。规范市场秩序，减少恶性竞争，防止恶意低价中标，加快形成公开透明、规范有序的环境治理市场环境。

强化环保产业支撑。加强关键环保技术产品自主创新，推动环保首台（套）重大技术装备示范应用，加快提高环保产业技术装备水平。做大做强龙头企业，培育一批专业化骨干企业，扶持一批专特优精中小企业。鼓励企业参与绿色"一带一路"建设，带动先进的环保技术、装备、产能走出去。

创新环境治理模式。积极推行环境污染第三方治理，开展园区污染防治第三方治理示范，探索统一规划、统一监测、统一治理的一体化服务模式。开展小城镇环境综合治理托管服务试点，强化系统治理，实行按效付费。对工业污染地块，鼓励采用"环境修复＋开发建设"模式。

健全价格收费机制。严格落实"谁污染、谁付费"政策导向，建立健全"污染者付费＋第三方治理"等机制。按照补偿处理成本并合理盈利原则，完善并落实污水垃圾处理收费政策。综合考虑企业和居民承受能力，完善差别化电价政策。

7. 健全环境信息信用体系

加强政务诚信建设。建立健全环境治理失信记录，将地方各级政府和公职人员在环境保护工作中因违法违规、失信违约被司法判决、行政处罚、纪律处分、问责处理等信息纳入政务失信记录，将地方各企业在生产经营过程中违反环境保护相关法律规定而受到的行政处罚、司法审判等信息，一并归集至相关信用信息共享平台，依托"信用中国"网站等依法依规逐步公开。

健全企业信用建设。完善企业环保信用评价制度，依据评价结果实施分级分类监管。建立排污企业黑名单制度，将环境违法企业依法依规纳入失信联合惩戒对象名单，将其违法信息记入信用记录，并按照国家有关规定纳入全国信用信息共享平台，依法向社会公开。建立完善上市公司和发债企业强制性环境治理信息披露制度。

8. 健全环境治理法律法规政策体系

完善法律法规。制定修订固体废物污染防治、长江保护、海洋环境保护、生态环境监测、环境影响评价、清洁生产、循环经济等方面的法律法规。鼓励有条件的地方在环境治理领域先于国家进行立法。严格执法，对造成生态环境损害的，依法依规追究赔偿责任；对构成犯罪的，依法追究刑事责任。

完善环境保护标准。立足国情实际和生态环境状况，制定修订环境质量标准、污染物排放（控制）标准以及环境监测标准等。推动完善产品环保强制性国家标准。作好生态环境保护规划、环境保护标准与产业政策的衔接配套，健全标准实施信息反馈和评估机制。鼓励开展各类涉及环境治理的绿色认证制度。

加强财税支持。建立健全常态化、稳定的中央和地方环境治理财政资金投入机制。健全生态保护补偿机制。制定出台有利于推进产业结构、能源结构、运输结构和用地结构调整优化的相关政策。严格执行环境保护税法，促进企业降低大气污染物、水污染物排放浓度，提高固体废物综合利用率。贯彻落实好现行促进环境保护和污染防治的税收优惠政策。

9. 强化应急性生态信息的组织领导

加强应急性生态信息的组织实施。地方各级党委和政府要根据要求，结合本地区发展实际，进一步细化落实构建现代环境治理体系的目标任务和政策措施，确保国家生态治理的重点任务及时落地见效。国家发展改革委及地方政府要加强统筹协调和政策支持，生态环境部要牵头推进相关具体工作，有关部门各负其责、密切配合，重大生态事项及时向党中央、国务院报告。

第4章 生态环境信息之平台创新模式

在日益严重的生态危机背景下，利用大数据技术建立一个有中国特色的环境信息公开平台成为当下的挑战和时代的关切。

在这个国际的环境信息平台上，可以进行生动的生态知识宣传教育，可以发起爱护自然、保护自然的志愿活动，可以凝聚各个国家、各个民族的信心和力量，可以对破坏环境、损害自然的行为进行道德评价和法律监管。

通过这个环境信息平台，可以使世界成为一体，使自然与人类成为一体，可以形成人类命运共同体。这个环境信息公开平台反映了我们的道路自信、理论自信、制度自信和文化自信。

生态灾难的深远影响否定了环境信息公开平台单一的建构模式，突显了在道德、法律和科技三个维度里建构的重要性。

在伦理维度下，我们应当通过环境信息伦理和国家生态伦理价值观展现生态道德和生态伦理的具体规范。

在法律维度下，我们应当借由不同层级的法律建构环境信息公开的法律制度、资源分配以及责任分配模式。

在科技维度下，运用科学与技术手段来展现环境信息的全貌与细节。环境信息公开制度是一个涉及技术、法律及伦理三个维度的重大现实问题，在这三个维度中，法律维度重于技术维度，伦理维度重于法律维度。

4.1 建设生态环境信息平台的必要性

进入信息社会以来，各种各样的信息公开平台在人类社会的各个领域里如雨后春笋，而且不断迭代升级。在众多的信息公开平台中，环境信息公开平台占据着十分显要的位置，在生态环境的建设中起着越来越关键的作用。2020 年新冠肺炎疫情，直接点中环境信息平台的软肋。从目前的环境信息管理平台总体规模和水平来看，依然是没有实质性、有效能的环境信息平台，依然处于信息分散、信息不全、平台功能单一的低级阶段。由此，建构起一个有科学内涵、有执法功能、有道德导向的环境信息公开平台成为当务之急。

4.1.1 没有环境信息平台就难以达成国家生态伦理共识

【事例】1986 年 11 月 1 日深夜，瑞士巴塞尔市桑多兹化学公司仓库起火，装有 1250 吨剧毒农药的钢罐爆炸，硫、磷、汞等毒物随着百余吨灭火剂进入下水道，排入莱茵河。警报传向下游瑞士、德国、法国、荷兰四国 835 公里沿岸城市。剧毒物质构成 70 千米长的微红色飘带，以每小时 4 千米的速度向下游流去，流经地区鱼类死亡，沿河自来水厂全部关闭，改用汽车向居民送水，接近海口的荷兰，全国与莱茵河相通的河闸全部关闭。翌日，化工厂有毒物质继续流入莱茵河，后来用塑料塞堵下水道。8 天后，塞子在水的压力下脱落，几十吨含有汞的物质流入莱茵河，造成又一次污染。11 月 21 日，德国巴登市的苯胺和苏打化学公司冷却系统故障，又使 2 吨农药流入莱茵河，河水含毒量超标准 200 倍。这次污染使莱茵河的生态遭到了严重破坏①。

这一事例告诉我们，在生态环境方面如果既没有强行的国际法对国家破坏生态的行为予以制约，也没有道德的国家伦理予以约束，类似的事件就会层出不穷，而且一旦发生类似事件，整个流域会发生难以计算的生态损失。

4.1.2 没有环境信息平台就难以形成国际间生态保护合作

【事例】据估计，1990 年 8 月 2 日至 1991 年 2 月 28 日海湾战争期间，先后泄入海湾的石油达 150 万吨。1991 年多国部队对伊拉克空袭后，科威特油田

---

① "剧毒物"污染莱茵河事件 [EB/OL].（2012-06-09）[2020-09-15].https://wenku.baidu.com/view/5c74e7343968011ca3009149.html.

到处起火。1月22日，科威特南部的瓦夫腊油田被炸，浓烟蔽日，原油顺海岸流入波斯湾。随后，伊拉克占领的科威特米纳艾哈麦迪开闸放油入海。科南部的输油管也到处破裂，原油滔滔入海。1月25日，科接近沙特的海面上形成长16千米、宽3千米的油带，每天以24千米的速度向南扩展，部分油膜起火燃烧黑烟遮没阳光，伊朗南部降了"黏糊糊的黑雨"。至2月2日，油膜展宽16千米、长90千米，逼近巴林，危及沙特，迫使两国架设浮拦，保护海水淡化厂水源。这次海湾战争酿成的油污染事件，在短时间内就使数万只海鸟丧命，并毁灭了波斯湾一带大部分海洋生物。1991年年初爆发的海湾战争，是第二次世界大战结束后最现代化的一场激烈战争。战争双方伤亡人数并不多，但消耗的物资却是惊人的，特别是石油资源遭到人类有史以来最大的破坏，这场战争毁掉5千多万吨石油。在海湾战争期间，约有700余口油井起火，每小时喷出的1900吨二氧化硫等污染物质飘到数千千米外的喜马拉雅山南坡、克什米尔河谷一带，造成了全球性污染，并造成地中海、整个海湾地区以及伊朗部分地区降"石油雨"，严重影响和危害人体健康。而此次战争中流入海洋的石油所造成的污染和破坏更是惊人，它导致沙特阿拉伯的捕鱼作业完全停止，这一海域的生物群落受到严重威胁。更为严重的是，浮油层已对海岸边一些海水淡化厂造成污染，以淡化海水作为生活用水的沙特阿拉伯面临淡水供应的困难。这次海湾战争酿成的油污染事件，使波斯湾的海鸟身上沾满了石油，无法飞行，只能在海滩和岩石上坐以待毙。其他海洋生物也未能逃过这场灾难，鲸、海豚、海龟、虾、蟹以及各种鱼类都被毒死或窒息而死，成为这场战争的最大受害者[①]。

这一事例告诉我们，美国所发动的战争给世界生态环境造成的创伤难以磨灭，其损害结果也是难以计量的。然而，类似的国家行为在目前的国际社会里是一笔没有任何国家、任何机构、任何法院能够去清算的糊涂账。久而久之，就会形成集体不负责任的最终局面。

4.1.3 没有环境信息平台就难以规范国家的生态破坏行为

【事例】日本的捕鲸史可以追溯到绳文时代（前14500年—前3世纪），在

---

① 海湾战争石油污染事件[EB/OL].（2016-06-16）[2020-09-15].https://baike.so.com/doc/2245124-2375455.html.

绳文时代及弥生时代（前 4 世纪—3 世纪）的许多遗迹中都可以找到鲸骨和绘有捕鲸纹样的器具。从出土鲸骨的分布情况可以看出，当时的人们通常集体捕鲸，然后分而食之。10 世纪，北海道原住民阿依努人乘坐小船，用弓箭、定置网等简易工具在沿海 20 公里的海域内集体捕捉小型鲸类。到了 12 世纪，日本的捕鲸活动非常活跃，人们划着小船，用鱼叉直接刺杀鲸鱼。1606 年，和歌山县太地町出现了日本首支专业捕鲸队伍"鲸组"，进行有组织性的捕鲸活动。1675 年，太地人开始通过渔网捕鲸，捕获量大幅提升。日本人在 16 世纪开始使用标枪捕鲸，能够捕杀近海 50 千米海域内的大型鲸鱼。捕鲸时，他们先通过多艘小船从三面包围，把鲸鱼赶进网内，然后再用标枪制服它们。19 世纪，日本引进了挪威的捕鲸标枪，捕杀范围也扩展到了近海 70 千米海域，捕鲸效率不断提高。真正对鲸鱼种群带来毁灭性打击的商业捕鲸活动发生在 20 世纪。有统计指出，人类在这一时期至少捕获了 290 万头鲸鱼，其中北大西洋捕获 276442 头，北太平洋捕获 563696 头，南半球捕获 2053956 头。在这轮疯狂捕杀后，抹香鲸数量减少到了原来的 1/3，蓝鲸数量只剩下原来的 1/10，北大西洋露脊鲸更是濒临灭绝①。

这一事例告诉我们，日本虽然处于发达国家的经济状态，然而对于处于食物链重要一环的鲸鱼却不断疯狂猎杀，这样的行为本来应当受到国际方面的严重谴责和生态责任追究，但由于联合国没有对此类行为进行制裁，造成世界生物多样性的严重破坏，生物圈严重缩小。

4.1.4 没有环境信息平台就难以保证国家履行生态责任

【事例】早在 2017 年 6 月，特朗普就宣布，美国将停止落实奥巴马政府签署的《巴黎协定》，但按照规定，缔约方只能在协定生效 3 年后（即 2019 年 11 月 4 日），才可以正式要求退出。所以，2019 年 11 月 4 日，美国政府"掐着点儿"正式通知了《巴黎协定》的保存人——联合国秘书长古特雷斯，要求正式启动"退群"程序。整个退出过程需要一年时间。截至目前，全球已有超过 190 个国家签署《巴黎协定》。而美国，作为温室气体排放大国，是唯一要"开

---

① 日本捕鲸业 [EB/OL]．（2020-06-22）[2020-09-15].https://baike.so.com/doc/6112766-6325903.html.

倒车"退群的国家。当然，这不是美国第一次在气候问题上"开倒车"。20年前，时任美国总统小布什也曾让美国退出克林顿政府签署的首份气候协定《京都议定书》。此外，决定退群的特朗普政府，早已开始取消奥巴马时代的一系列限制排放规定。数据显示，从2017年1月到2019年9月初，特朗普政府已放松了128项环保法规[①]。

这一事例告诉我们，在国际生态保护和世界气候变暖方面需要国家之间的通力合作，需要克服意识形态的差异、克服宗教文化的差异以及跨越政治制度的障碍。但令人遗憾的是，美国丝毫不顾世界各国的整体利益，单方面宣布退出，使得国际协定降温、落空。

综上，在国际范围内建立一个环境信息平台是十分必要的。

4.2 环境信息公开平台三维建构思想设计

4.2.1 伦理之维展现环境信息公开的国家德性之魂

伦理，即人伦道德之理，指人与人相处的各种道德准则。自人类产生，伦理就以人类道德规则的形式存在，这些道德规则既主导着人与人之间的关系，也主导着人与自然的关系。由于道德规则能够区分善恶、真假、美丑，决定人类每个选择行为，因而获得了强大的社会认同感，成为群体行为和个体行为的导引体系。可以这样讲，伦理判断是人们针对每一种行为方式、每一个思想动机进行衡量、评判的准绳。因此，在这个意义上，产生了环境伦理学这一交叉学科，旨在系统地阐释有关人类和自然环境间的道德关系。正如西方一个古老的哲学格言阐释了伦理学与科学的关系："没有伦理学的科学是盲目的，而没有科学的伦理学是空洞的。"[②] 所以，环境信息同样需要在伦理视角下进行"道德X光"的透视。在数据时代背景下，环境信息公开必须叩问两个核心问题：一是在环境信息伦理领域要遵守什么样的伦理规范？二是在国家价值观领域要建立什么样的国家伦理价值观？前者，规定了人类在自然环境中的道德义务，即

---

① 又退群！美国退出《巴黎协定》，被批不顾人类未来！[EB/OL].（2019-11-05）
   [2020-09-15].https://www.sohu.com/a/351764813_123753.
② 戴斯·贾丁斯.环境伦理学环境哲学导论 [M].林官明，杨爱民，译.北京：北京大学出版社，2006：12.

在环境信息伦理领域，要建立敬畏自然、顺应自然、诚实公开真实信息、保持私益与公益平衡的伦理规范，上述伦理规范是保障环境信息公开者对于其所公开信息的道义责任。后者，我们需要架构国家的两种平衡面向的生态价值观：一种是以人类为中心的国家生态伦理价值观，这种价值观是人类自身发展所需要的价值观；另一种是以自然为中心的国家生态伦理价值观，这种价值观为受到破坏的自然保护和恢复提供价值依据，是建设生态文明所需要的理论基础。这两种价值观是国家建构环境信息公开平台的"平衡杠杆"。

（一）环境信息伦理内涵阐述

信息伦理，主要是指信息领域中的伦理规范，即用道德规范人们的信息交往活动，调节人们在信息活动中的利益实现，以促进人与社会在信息时代和谐发展。信息伦理属于应用伦理学范畴，既继承了传统伦理的某些特点，也具有自身独有的特质。与传统伦理注重研究现实社会道德相比，信息伦理更集中于虚拟网络社会道德[1]。根据孙伟平等人的概括，基于网络社会或虚拟社会的网络道德，较之基于传统社会或现实社会的道德，具有更强的自主性、开放性和多元性特点。由此，我们认为，环境信息伦理主要是指生态环境信息领域中的伦理规范，即用道德规范人们在环境信息领域里的信息交往活动，调节人们在信息活动中的生态利益关系，以促进人与生态环境在信息时代和谐发展。

1. 敬畏自然顺应自然

在中国古代道家的生态伦理观念当中，有这样的秩序规则体系："人法地，地法天，天法道，道法自然。"借着效法自然的伦理观念，这样的敬畏上天、顺应自然规律的价值观直接规定到制度层面，使人定的法律与自然规律保持同一价值取向。例如，周王朝政治上推行分封制、经济上实行井田制，在井田制当中就有土地休耕的规定。即耕地种植后肥力减弱，必须经过两年或三年的休养再进行耕种。《尔雅·释地》中记载："田一岁曰菑，二岁曰新，三岁曰畲。"菑田是指休耕的土地，新田则指休耕后第一年耕种的土地，畲田是第二年耕种的土地[2]。但在进入工业文明之后，随着科学主义的滥觞，化肥、农药大量运用到

---

[1] 孙伟平，贾旭东. 关于"网络社会"的道德思考 [J]. 哲学研究，1998（8）：10-16.

[2] 李世平. 论早期农业的轮作制度 [J]. 中华文化论坛，2009（S2）：27-31.

农业生产当中，土地休耕制度遭到破坏，而同类作物连续种植，一方面作物每年都会吸收相同种类的养分，引起营养元素的片面消耗，造成土壤中养分状况的不均衡；另一方面，容易导致杂草丛生、病虫害蔓延加重，最终导致作物减产[①]。而进入全球生态危机以来，一些国家又重拾自然理念，试图回到起初的土地制度上。例如，美国实行了土地休耕保护储备计划（CRP），该计划为自愿将耕地退出农业生产一段时间（通常 10 或 15 年）的土地所有者提供经济补偿，每年耗资约 20 亿美元。该计划最早经美国 1985 年《食品安全法案》授权，由美国农业部（USDA）下属的农业服务局（FSA）负责管理，由自然资源保护服务局（NRCS）和美国农业部的其他有关机构提供技术支持[②]。这一法案实施 30 多年来，一批地力下降严重、生态环境脆弱的土地得到休养生息，土壤、水质以及野生动物栖息地的保护得到明显改善。2016 年，我国农业部出台《探索实行耕地轮作休耕制度试点方案》，2017 年印发了《耕地轮作休耕制度试点工作方案》，具体布置了轮作休耕的措施。我国于 2019 年 1 月 1 日起施行的《中华人民共和国土壤污染防治法》，也从法律角度规定了"种养结合、轮作休耕"的防止土地污染的新机制，并且规定："各级人民政府及其有关部门应当鼓励对严格管控类农用地采取调整种植结构、退耕还林还草、退耕还湿、轮作休耕、轮牧休牧等风险管控措施，并给予相应的政策支持。"

由以上土地休耕制度可以看出，在自然界里，自然是先在的，人类是后来者。因此，自然居首位，人类居于次位。在自然规律面前，人类的道德律、法律必须以之为前提。简言之，人类道德律应受自然规律的支配，人类法律应受自然规律和人类道德律的双重支配。这是良法善治的应然本质。因此，尊重自然、顺从自然是人类在利用自然、发展生产时必须要遵守的伦理规范。

2. 诚实公开真实信息

信息的真实性是环境信息的客观标准和科学标准，没有真实性的保障，环境真理就是认知谬误，环境信息就是谎言诈欺。例如 2012 年 7 月 5 日，日本东京召开了对日本福岛第一核电站核泄漏事故进行调查取证的日本国会"事故调

---

① 曹敏建. 耕作学 [M]. 北京：中国农业出版社，2013：143-147.

② Megan Stubb，杨恺. 美国 2014 年农业法案对美国土地休耕保护储备计划的影响 [J]. 世界农业，2017（2）：162-163，195.

查委员会"。当天下午，发表了最终调查报告。报告首次将事故的根本原因定性为"人祸"，称是由于东京电力公司和日本监管当局的监督不力所致①。早在2007年，东京电力公司就承认，从1977年起在对下属3家核电站总计199次定期检查中，这家公司曾篡改数据，隐瞒安全隐患。其中，福岛第一核电站1号机组反应堆主蒸汽管流量计测得的数据曾在1979—1998年间先后28次被篡改。如此的信息披露状况不禁让人想到日本的国家伦理建设②。一个梦想在国际社会中"占有光荣地位"的国家，竟然不顾本国自然条件、不吝国民生存风险、忘记原子弹爆炸的惨痛历史、毅然决然选择发展核电，而承担项目的企业竟然隐瞒实情、谎报信息到这样一个没有道德底线的地步。如果从环境信息伦理的角度来研判，东京电力公司完全违背了企业的生态责任，公然隐瞒事实、谎言欺诈。而日本政府发展核电的决策也侵犯了邻国的生态主权，在道义上应当向相邻的国家赔礼道歉，经济上承担生态赔偿和生态修复责任。

3. 个体私益与社会公益双向制衡

随着大数据、互联网技术的不断推进，打破了传统意义上的国家概念，在网络的虚拟空间里，一个更为详细、丰富、多样的"数据国家"呈现在世人的面前。在信息社会里，信息疆界已成为衡量一个国家疆界范围的重要尺度，信息安全也成为一个国家安全的重要组成部分。特别是在环境信息方面，涉及国

---

① 福岛核泄漏事故 [EB/OL].（2019-08-07）[2019-10-03].https://baike.so.com/doc/9336185-9672867.html.
② 国家伦理是指一个国家作为一个现实存在的实体所应当遵循的伦理规范。国家伦理的目的在于使国家成为一个有德性的主体。国家伦理的主体是一个现实的国家，包括一个国家的整体及其组成部分都应当遵循的道德准则。具体来说，国家伦理是国家作为一个主体对其全体国民、其他国家及整个国际社会所承担的道德责任和伦理关怀。国家伦理包括两个维度：第一个维度是作为对内享有主权的国家对其所属公民、组织的维度，国家伦理是国家与公民发生相互关系时国家所应当遵循的道德规范，对自己本国的国民而言，国家应当具有保障自由、为人民服务、公平正义、自由民主、宽容和谐、和平稳定、共同富裕等道德属性；第二个维度是作为对外享有主权的国家对其他国家及其国民的维度，国家伦理是国家与国家及其公民发生相互关系时应当遵循的道德规范。对于他国而言，国家之间应当和平共处、不以武力相威胁、彼此尊重主权、承担共同责任，对待他国公民应当遵守保障安全、平等关怀等道德属性。参见田文利. 国家伦理及其实现机制研究 [M].北京：知识产权出版社，2008.

家的领土领空、水域海洋、矿藏物产、动物植物以及生产生活的各个方面。在信息频繁流动的大数据时代，上述信息的泄露无疑会给国家安全带来重大隐患。因此，在国家伦理层面保守国家环境信息安全就是每个公民的道德义务。

公民的隐私权，常与人格权或者身份权发生密切关联。华森姆特（Wasserstorm）指出，没有了隐私，"我们的生活就缺少了自发性，变得更加循规蹈矩了"①。公民个人隐私权受侵害，不仅会使自己失去安宁的生活空间，导致事业、家庭的挫败，严重的还会侵犯人们的自主权。根据瑞曼（Reiman）的观点，没有了隐私权，我们的自主权在两方面将受到明显侵犯②。首先，我们可能会失去外在的自由，因为缺乏隐私经常使个人的行为容易受到他人的控制。未经本人同意的敏感信息若落在掌权人的手里，可能会成为可怕的武器。其次，我们也有可能失去一种内在的自由。众所周知，在被他人注视和监督的时候，大多数人会有不同的表现。人们通常会感到受抑制，对自己的行动非常慎重。

然而，在环境信息领域，公民个体的隐私权却要考虑与公共利益的平衡。例如，饮食、交往，甚至行程安排，以及排污、丢垃圾、污染环境等行为不应属于公民个体或者企业的私事，而是关涉到公共利益的社会行为，如果涉及环境违法事件，公民、企业不得以隐私权或者企业商业秘密为理由抗拒信息公开。因此，在环境信息公开领域，公民隐私权与企业商业秘密的保护必须以公共利益为优先。在立法上，《政府信息公开条例》第十五条确认了这样的基本规则："涉及商业秘密、个人隐私等公开会对第三方合法权益造成损害的政府信息，行政机关不得公开。但是，第三方同意公开或者行政机关认为不公开会对公共利益造成重大影响的，予以公开。"

（二）二元的国家生态伦理价值观

正如学者指出："任何一个时代都有自己的伦理道德，都有自己的价值合理性论证或者价值合理性基础。一个时代的成功转型，关键之一就在于是否能

---

① Richard Wasserstorm.Privacy：Some Arguments and Assumptions，Philosophical Di
-mensions of Privacy[M].New York：Cambridge University Press，1984：325.

②J Reiman.Driving the Panopticon：A Philosophical Exploration of the Risks to Privacy
Posed by the Highway Technology of the Future[J].Santa Clara Computer and High
Technology Law Journal，1995（1）：27-44.

够成功地实现社会价值精神及其合理性根据的合理转变。"[1]对于一个国家而言，在生态伦理方面需要明确提出其所秉持的、特定的国家价值观来彰显其国家伦理的核心精神，并以这种国家生态伦理价值观作为制定政策和法律的依据。

一般而言，价值是某一价值评价主体认为的价值客体对于价值主体所预设的价值目标的满足作用[2]。国家价值观，是指国家作为价值评价主体所认为的价值客体对于国家作为价值主体所预设的价值目标的满足作用。

国家生态伦理价值观，是指在生态环境领域，国家作为价值评价主体和价值主体及大自然作为评价主体和价值主体的两种价值观。既包括国家作为价值评价主体所认为的大自然的价值客体对于国家作为价值主体所预设的价值目标的满足作用，也包括大自然作为价值评价主体所"认为"的人类生产生活作为价值客体对于大自然作为价值主体所预设的价值目标的满足作用。前者是以人类为中心的价值观，后者是以大自然为中心的价值观。第二种生态伦理价值观以环境事件、物种濒危、生态灾难等"特别的生态语言"表达出来。

1. 人类中心主义的国家生态伦理价值观概念

如上所述，国家生态伦理价值观指的是国家作为价值评价主体所认为的作为生态环境的价值客体对于国家价值主体所预设的价值目标的满足作用。国家主体有两种情形，一是作为国家整体的国家公益主体，二是作为公民个体的公民私主体（包括企业私主体）。人类中心主义的生态价值观是人们在传统农业社会、工业社会所采用的价值观，在这一价值观的结构里，生态环境是客体，仅为了满足人类的需求而存在。采用这样价值观的结果必然是人类欲望的无限扩张和自然体系的枯竭与崩溃（见图 4-1）。

---

① 高兆明. 伦理学理论与方法 [M]. 北京：人民出版社，2005：1.
② 这一概念既包括了价值评价主体、评价主体的认知、价值主体、价值目标、价值客体五个实体要素，同时也包括了价值评价主体与被评价对象的关系、价值目标与价值主体的关系、价值主体与价值客体的关系、价值客体与价值目标的关系四种关系要素。从这一定义中可以看出来，价值是有着复杂内在逻辑结构的概念，它包含着诸多实体要素和关系要素。参见田文利，李云仙. 价值概念的逻辑结构及语言表达 [J]. 重庆社会科学，2010（4）：95-99.

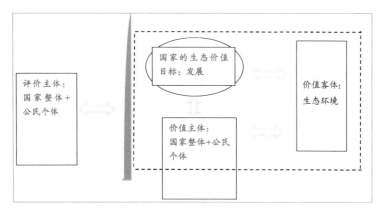

图 4-1 国家生态伦理价值观（人类中心主义生态价值观）概念逻辑结构

2. 自然中心主义的国家生态伦理价值观概念

如果把上述国家生态伦理价值观中以人类为中心的视角转换为以大自然为中心的视角，则国家生态伦理价值观则指以大自然为评价主体认为的以人类生产生活作为价值客体对于大自然作为价值主体的满足作用。在这一价值观的结构里，生态环境成为主体，其自然规律成为评价主体，而人类的生产和生活之活动则成为客体。这就意味着生态环境中的每一种植物、每一种动物在这个国家生态伦理价值体系中都占据重要地位，如果我们把每一座山、每一条河当作主体，当作有规律的主体来尊重、来看待，则可以按照自然规律来掌握经济发展和社会发展的总体进程。可见，这一价值观提供了生态文明的价值观，适合建设生态文明的社会。如果坚持以自然为中心的国家生态的价值观。笔者认为，"尊重、保护、平衡、和谐、休养、恢复、清洁、永续、绿色（发展）、节制、共担、共享"可以作为生态伦理价值观。只有这样的价值观结构才能满足生态修复理论和实践的需要 [①]（见图 4-2）。

---

① 中共中央、国务院印发《生态文明体制改革总体方案》指出生态文明体制改革的理念："树立尊重自然、顺应自然、保护自然的理念……树立发展和保护相统一的理念……树立绿水青山就是金山银山的理念……树立山水林田湖是一个生命共同体的理念……"可见，"尊重、保护、平衡、和谐、休养、恢复、清洁、永续、绿色（发展）、节制、共担、共享"的国家生态伦理价值观正是支撑上述理念的价值观。

图 4-2 国家生态伦理价值观（自然中心主义生态价值观）概念逻辑结构

4.2.2 法律之维形成环境信息公开平台的结构支撑

法律是一门具有高度技术属性的人文社会科学，但是这一学科却与自然科学有着最为密切的时空关联关系。而且，相对于其他社会科学和自然科学的具体学科而言，法学具有其他学科所不具有的优势：第一，法律技术是一门可以强有力地影响所有人行政选择和行为方式的"高端技术"，法律通过权利－义务赋予机制确立主体身份，使每位公民成为代母、子女、雇佣者、员工等不同的角色，拥有不同的权利，承担不同的责任，进而建立社会的基本结构，确立社会秩序的基本模式。同时，法律还通过责任追究机制维持所建立的社会模式。可以说，法律是唯一一门可以权威地界定主体地位、规范其社会行为、追究其法律责任、实现社会正义价值的制度体系。第二，法律技术也是唯一可以按照既定目标塑造未来的"高端社会治理技术"的制度体系，因为，法律体系可以在人民心中建立起对法律的信心、信任甚至信仰，使一个国家、一个民族凝心聚力、步调一致迈向未来。正是由于法律塑造未来、统管所有人的行为，因而成为治理国家的重器。中国古代的商鞅变法、王安石变法都是以法律为触媒来点燃一个时代的社会变革，中国当前改革开放的成就同样是借着法律体系的再造才得以实现的，使积贫积弱的中国成为繁荣富强、民主文明的现代化国家。

（一）法律决定环境信息公开平台的架构

从国内而言，有四个层次的法律规范决定环境信息平台的整体架构和主要内容：

1. 宪法层面

《宪法》序言特别规定了"生态文明"的新模式,将"生态文明"列为与"物质文明、政治文明、精神文明、社会文明"并列的一种文明模式。同时,《宪法》第二十六条强调了国家的生态保护责任:"国家保护和改善生活环境和生态环境,防治污染和其他公害。国家组织和鼓励植树造林,保护林木。"最后,《宪法》第八十九条将生态文明建设归入国家行政机关的职权范围,即由国务院行使"领导和管理经济工作和城乡建设、生态文明建设"的职权。虽然在《宪法》条文里没明确规定环境知情权、隐私权等具体的权利,但通过对《宪法》第三十三条"国家尊重和保障人权"中"人权"的解释可以引申出知情权和隐私权等未具体化的权利形式。

2. 法律层面

2015年1月1日起施行的《环境保护法》第五章"信息公开和公众参与"以六条的篇幅规定了环境信息公开的基本制度。确认了"公民、法人和其他组织依法享有获取环境信息、参与和监督环境保护的权利"。同时,还规定"各级人民政府环境保护主管部门和其他负有环境保护监督管理职责的部门,应当依法公开环境信息、完善公众参与程序,为公民、法人和其他组织参与和监督环境保护提供便利"。这一章还鲜明地将"环境质量、环境监测、突发环境事件以及环境行政许可、行政处罚、排污费的征收和使用情况等信息"列入公开的范围。最值得关注的是,这一法律还规定了"将企业事业单位和其他生产经营者的环境违法信息记入社会诚信档案,及时向社会公布违法者名单"的制度,明显地取向于国家生态伦理价值观,使公共利益超越于个体利益之上。2019年1月1日起施行的《土壤污染防治法》以四条的篇幅建立了土壤信息公开的制度,实现"土壤环境信息共享",并且将"违法信息记入社会诚信档案,并纳入全国信用信息共享平台和国家企业信用信息公示系统向社会公布",确认了公民、法人和其他组织"享有依法获取土壤污染状况和防治信息、参与和监督土壤污染防治的权利"。2008年6月1日起施行的《中华人民共和国水污染防治法》以三个条文触及水污染信息公开。"国务院环境保护主管部门负责制定水环境监测规范,统一发布国家水环境状况信息,会同国务院水行政等部门组织监测网络,统一规划国家水环境质量监测站(点)的设置,建立监测数据共享机制,加强对水环境监测的管理。"以及"公布有毒有害水污染物名录","并公开有毒有害水污染物信息"。建立常规信息公开制度，"至少每季度向社会公开一次饮用水安全状况信息"。

3. 行政法规层面

2007 年 4 月 5 日国务院令第 492 号公布、2019 年 4 月 3 日以国务院令第 711 号修订的《政府信息公开条例》，第一条开宗明义规定了立法目的："为了保障公民、法人和其他组织依法获取政府信息，提高政府工作的透明度，建设法治政府，充分发挥政府信息对人民群众生产、生活和经济社会活动的服务作用。"第五条规定了信息公开的基本原则："行政机关公开政府信息，应当坚持以公开为常态、不公开为例外，遵循公正、公平、合法、便民的原则。"这一规定奠定了环境信息公开的制度根基，为环境信息的公开提供了整体框架和依据。

4. 行政规章层面

2008 年 5 月 1 日起施行《环境信息公开办法（试行）》。该办法对于推进和规范环保部门以及企业公开环境信息，维护公民、法人和其他组织获取环境信息的权益，推动公众参与环境保护提供了法律法规的依据。2016 年 3 月 18 日生态环境部为贯彻落实《国务院关于印发促进大数据发展行动纲要的通知》（国发〔2015〕50 号）精神，制定《生态环境大数据建设总体方案》，确立了"加强顶层设计和统筹协调，完善制度标准体系，统一基础设施建设"的行动方案。2019 年 7 月 18 日生态环境部颁布实施《生态环境部政府信息公开实施办法》，"政府信息公开应当坚持以公开为常态、不公开为例外，遵循公正、公平、合法、便民、客观的原则，积极推进生态环境决策、执行、管理、服务、结果公开，逐步增加政府信息公开的广度和深度"。

（二）法律决定环境信息公开平台的法制资源分配

在信息社会里，人类所有的知识、经验、财富、健康都可以用信息来表达，可以说，信息表达一切，信息成就一切。在这样一个空前的信息时代，由于一切资源都可以用信息来表达、分配，因而，一切管理都成为对"信息化的本体事物"的管理，或者通过"本体的信息"而对本体事物进行管理的过程。在现实社会中，资源、财富是以物质的形式体现，其权属相对明确，而一转到信息领域，则往往不容易划清其权属的界限。《政府信息公开条例》第九条规定了国家秘密和危及安全信息不予公开的规则，第十五条规定了"涉及商业秘密、个人隐私等公开会对第三方合法权益造成损害的政府信息，行政机关不得公开。但是第三方同意公开或者行政机关认为不公开会对公共利益造成重大影响的，予以公开"的规则。对于环境信息而言，同样需要将可公开的环境信息与不可公开的环境信息区分开来。因此，《生态环境部政府信息公开实施办法》也采用了相同的制度模式，沿用了《政府信息公开条例》确立的界限。在环境信息平台上，有两个群落和法律资源需要配置：一是公众的实体性权利，即知情权、参与权、监督权。与此相对应的是公众的救济性权利，即申请公开权、公开表达权、起诉权控告权。二是行政机关的实体性权力，包括信息公开权、意见接受权、责任追究权。与此相对应的是行政机关的程序性权力：申请公开受理权、公开表达接受权、起诉权控告立案权。根据实体性权利（力）与程序性权利（力）关系原理，这两组权利－权力之间形成互相对峙博弈的关系（见图4-3）。

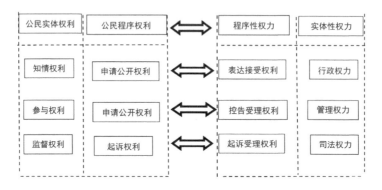

图 4-3 法律决定环境信息平台模式的动态交互规范

（三）环境信息公开配合问责与追责机制的落实

要实现环境事件或环境案件的追责，必须要以"事实为依据""以法律为准绳"。换言之，要满足问责、追责、担责的程序性要求，必须在事实方面有确凿的证据、在法律方面有确定的依据。首先，这里的事实指的是具体案件中环境污染、恶化的客观事实，这类事实不但需要定性的事实依据，同时更需要定量的事实依据，需要环境信息的数据来证实。其次，这里所指的法律也是与环境相关的法律规范，既包括实体性的法律规范，也包括程序性的法律规范。同时，既包括确定民事责任，也包括刑事责任和行政责任的法律规范。

环境信息公开的平台上，包括环境知识、环境信息、环境法律、环境事例四个必要的组成部分，这四个部分对于责任追究和责任分担分别具有不同的功能：环境知识提供环境案件认定的科学知识和因果规律，环境信息提供环境案件的事实体系，环境法律提供环境案件的法律准据，环境事例提供案件认定的裁量参照。

4.2.3 科技之维架构环境信息公开的外展双翼

在纵向上，环境信息公开的科技之维包括两个层面：第一个层面是环境信息内容的科学之维，指涉的是环境信息内容的真实性、客观性与可靠性。第二个层面是环境信息公开的技术之维，指涉的是环境信息公开的载体、界面、性能与技术。第一个层面被包裹在第二个层面里，这两个层面一里一外共同形成环境信息的科技之维。

（一）环境信息中的科学之维

环境信息的科学之维通过环境信息的内容和载体展现出来，整体而言，环境信息包罗万象，从浩瀚的宇宙星空，到空气中悬浮的微观颗粒；从核爆炸的震撼，到显微世界里微生物的孱弱。这是一个有着勃勃生机的大千世界，而环境信息就是人类对这个奇妙世界的探索、认知、描述、记载和传播的知识信息之最广泛汇聚。可以说，这个世界有多丰富，环境信息就有多丰富，二者之间形成了"等质内容"与"等量信息"的对应关系。值得强调的是，环境信息的分布是非常广泛的，自然科学的生物学、物理学、化学等学科，提供了系统而全面的环境知识体系，成为环境信息的主体和基础；人文学科中的哲学、伦理学、文学、历史学也提供了散发着人文情怀的环境信息，这些环境信息如同闪光的宝石一样分散于不同时代、不同形式的文学作品当中，例如《寂静的春天》《狼图腾》等作品中折射出多彩而深刻的生态哲学光芒，让人类通过经验来体悟环境信息的丰富内涵；在社会科学的政治学、法学、管理学、社会学中，自然环境永远是其最为重要的研究课题，人类对环境信息的利用、依赖和影响不断改变着人类的生活模式。

总体而言，由于环境信息反映着自然界演变的客观规律，揭示了自然物种的整体平衡性、代际连续性及态势稳定性之间复杂微妙的关系，因而，信息公开可以为人类提供学习、欣赏、研究、评估、预判的多种实践功能。为了充分实现环境信息的多种功能，必须保证环境信息具有真实性、客观性、连贯性和完整性，而环境信息的上述特质是通过信息技术才得以达成的。

（二）环境信息公开的技术之维

环境信息公开的技术之维是环境信息在收集、筛选、整理、储存、使用、展示的过程中，通过一定的传媒介质、技术手段、存取途径、展示界面而表现出来的。总体而言，如何实现信息的存储量最大、传输速度最快、有效价值最高、表达媒体最多样是环境信息公开技术所要追求的总目标。因此，环境信息公开要求具备如下条件：各种类型的环境信息数据库、遥感测绘卫星、信号传输设备、数据采集体系、目标搜索工具、数据分析模型、程序操作终端等。

（三）环境信息公开的科技之维之于人类与自然的关系调适作用

环境信息的科学之维显明了自然环境的客观先在性，环境信息的技术之维则表达了人类社会的主观能动性。环境信息的公开充分说明了这种机制对自然与人类关系具有双向调适作用。一方面，对于自然环境而言，可以使自然环境的真实性、丰富性、联动性、延续性生动地展现在人类面前；另一方面，对于人类而言，可以帮助人类对在建设中的项目进行四个具有重要价值的评估：生态圈嵌入合理性评估、建设项目的影响性评估、环境项目的持久性评估、环境污染的风险性评估。

总体而言，环境信息公开的科技之维有利于人类在生产生活中获得真实可靠的环境信息，可以说人类在多大程度上掌握环境信息，就在多大程度上掌握未来的命运（见图4-4）。

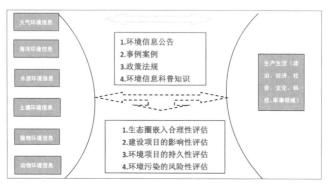

图4-4 环境信息科技维度的双向调适

4.3 环境信息公开平台的建构要点

4.3.1 大数据背景下环境信息公开平台的建构要点

大数据是物联网、云计算、移动互联网等新一代信息技术迅猛发展的必然产物。大数据是指无法在可容忍的时间内用传统IT技术和软硬件工具对其进行感知、获取、管理、处理和服务的数据集合①。"大数据是以容量大、类型多、存取速度快、应用价值高为主要特征的数据集合，正快速发展为对数量巨大、来源分散、格式多样的数据进行采集、存储和关联分析，从中发现新知识、创造新价值、提升新能力的新一代信息技术和服务业态。全面推进大数据发展和应用，加快建设数据强国，已经成为我国的国家战略。"在环境信息领域，2016年 3 月 8 日环境保护部发布《生态环境大数据建设总体方案》，在该方案中提出了生态环境大数据总体架构为"一个机制、两套体系、三个平台"②。生态环境大数据建设主要目标是：实现生态环境综合决策科学化；实现生态环境监管精准化；实现生态环境公共服务便民化。一般而言，环境信息大数据是一种科学大数据，即与科学相关，反映和表征着复杂的自然和社会科学现象与关系的大数据称之为科学大数据。除具有一般科学数据的特征（客观性、分离性、长效性、不对称性、非排他性、可传递性、增值性）③和大数据的特征（4V：Volume—体量浩大、Variety—模态繁多、Velocity—生成快速和 Value—价值巨大但密度很低）外，科学大数据还具有高维（具有多重数据属性）、高度计算复杂性（大多为非线性复杂系统）和高度不确定性（具有一定的误差和不完备性）等特征④。

　　大数据背景下环境信息公开平台的"三维建构"指的是环境信息平台的建构要达到如下三个标准：第一，通过环境信息伦理和国家生态伦理价值观展现生态道德和生态伦理的具体规范；第二，借由不同层级的法律而建构发布环境信息的法律制度、资源分配以及责任落实；第三，运用科学与技术手段来展现环境信息的全貌。总之，环境信息是在一个由伦理、法律和科技所构成的三维

---

① 李国杰，程学旗. 大数据研究：未来科技及经济社会发展的重大战略领域——大数据的研究现状与科学思考 [J]. 中国科学院院刊，2012，27（6）：647-657.

② 一个机制，即生态环境大数据管理工作机制；两套体系，即组织保障和标准规范体系、统一运维和信息安全体系；三个平台，即大数据环保云平台、大数据管理平台和大数据应用平台。参见 2016 年 3 月 8 日环境保护部发布的《生态环境大数据建设总体方案》。

③ 孙九林，施慧中. 中国地球系统科学数据共享服务网的构建 [J]. 中国基础科学，2003（1）：78-83.

④ 郭华东，王力哲，陈方，等. 科学大数据与数字地球 [J]. 科学通报，2014，59（12）：1047-1054.

空间里的生成、发布和传输（见图4-5）。

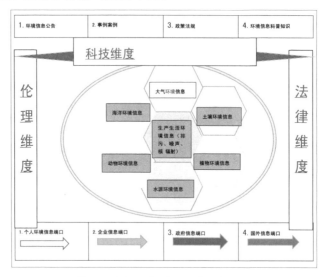

图 4-5 大数据背景下环境信息平台

4.3.2 环境信息公开平台的多元主体

在大数据背景下，建立环境信息公开平台的主体是多元化的，从国际层面来看，环境信息公开平台的主体包括国家的政府、企业、公民及国际环保组织。从国内来看，既有政府的环境管理机关、环境监测机构，也有企业单位和公民个人，以及环境科研机构和民间环保组织。这些主体在环境信息公开平台上至少有两个角色，一是信息发布者，二是信息接收者（见图4-6）。

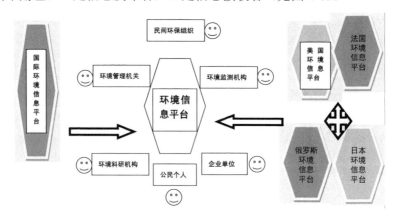

图 4-6 大数据背景下环境信息公开主体

4.3.3 环境信息公开平台的多项功能

环境信息平台具有多种功能，具体表现为：第一，这一平台提供自然界的基本生态知识，显示生态圈里每种生物之间的内在关联，向我们提供最为生动、美丽的画面。第二，这一平台上所披露的各种事例、数据显示了现实环境中的问题所在，环境信息平台可以聚焦热点，引导舆论，关注人类生存的总体环境和现实状态。第三，这一平台也是沟通信息、交流经验、找出解决方案的平台，是达成共同认知、行动一致的平台。第四，最为重要的是，这一平台也是检视环境治理结果的平台。以冠状病毒为例，可以披露如下信息：蝙蝠的知识性信息，吹哨人李文亮的警告性信息，钟南山的科研信息，各地的感染传播信息，城市封闭隔离信息，医疗资源信息，疫情生活服务信息等。从发布到收集、统计、调配，再到科普、科研、医治等诸多功能，都可以在这个环境信息平台里实现。总之，环境信息平台是一个具有重要战略价值的信息平台。

综上，在一个生态灾难频发的世界里，运用大数据技术进行环境信息平台建构必须合理协调好三个维度的逻辑关联：伦理之维是环境信息的内在"灵魂"维度，是环境信息的"本来相"。如果环境信息缺少了伦理之维，就会成为没有正义价值的无道德感信息。法律之维是环境信息的支撑"骨架"维度，构成环境信息的"内在结构"。如果环境信息缺少了法律之维，则合法的信息与违法的信息就不能区别，法律的尊严就不能得以维护。科技之维则是环境信息的外在"形体"维度，是环境信息的"外在形象"。如果环境信息缺少了科技之维，则环境信息就没有存在的现实基础，从而失去收集、传输、存储的载体和媒介。可见，在大数据背景下，对环境信息公开平台进行设计，必须在伦理、法律和科技三维空间里进行，缺少任何一个维度，环境信息公开平台所发布的信息都将是不完全的，而且在单一维度下建立起来的信息平台所发挥的作用也是有限的。

第5章 自然生态治理的环境信息平台研究

国家公园制度是人类为保存原始生态而设计的制度模式。这种模式的核心要义就是要使尽可能多的国土空间保持住自然生态系统的原真性、整体性和系统性，赋予国家公园按照客观规律保护自然生态系统、自然景观、自然遗产、生物多样性的现实责任与功能。

依据中共中央办公厅、国务院办公厅《建立国家公园体制总体方案》和《关于建立以国家公园为主体的自然保护地体系的指导意见》，必须进行顶层设计。"确立国家公园在维护国家生态安全关键区域中的首要地位，确保国家公园在保护最珍贵、最重要生物多样性集中分布区中的主导地位，确定国家公园保护价值和生态功能在全国自然保护地体系中的主体地位。"可见，在顶层设计中，最为重要的就是确立国家公园的主体地位。因而，必须搞清国家公园管理机构的应然属性与实然现状，在两者的冲突中找到一条可以通向美丽中国的解决路径。

因此，也必须要有一支能够保护国家公园的队伍，赋予其重大的使命和责任，配备必要的权力，使其在保护自然资源方面发挥重要的作用。

5.1 自然保护地的未来模式

我国经过 60 多年的努力，已建立数量众多、类型丰富、功能多样的各级各类自然保护地，在保护生物多样性、保存自然遗产、改善生态环境质量和维护国家生态安全方面发挥了重要作用，但仍然存在重叠设置、多头管理、边界不清、权责不明、保护与发展矛盾突出等问题。2019 年中共中央办公厅、国务院办公厅印发《关于建立以国家公园为主体的自然保护地体系的指导意见》（以下简称《指导意见》），对自然保护地的建设提出总体要求："牢固树立新发展理念，以保护自然、服务人民、永续发展为目标，加强顶层设计，理顺管理体制，创新运行机制，强化监督管理，完善政策支撑，建立分类科学、布局合理、保护有力、管理有效的以国家公园为主体的自然保护地体系，确保重要自然生态系统、自然遗迹、自然景观和生物多样性得到系统性保护，提升生态产品供给能力，维护国家生态安全，为建设美丽中国、实现中华民族永续发展提供生态支撑。"

5.1.1 总体目标

《指导意见》指出："建成中国特色的以国家公园为主体的自然保护地体系，推动各类自然保护地科学设置，建立自然生态系统保护的新体制新机制新模式，建设健康稳定高效的自然生态系统，为维护国家生态安全和实现经济社会可持续发展筑牢基石，为建设富强民主文明和谐美丽的社会主义现代化强国奠定生态根基。到 2020 年，提出国家公园及各类自然保护地总体布局和发展规划，完成国家公园体制试点，设立一批国家公园，完成自然保护地勘界立标并与生态保护红线衔接，制定自然保护地内建设项目负面清单，构建统一的自然保护地分类分级管理体制。到 2025 年，健全国家公园体制，完成自然保护地整合归并优化，完善自然保护地体系的法律法规、管理和监督制度，提升自然生态空间承载力，初步建成以国家公园为主体的自然保护地体系。到 2035 年，显著提高自然保护地管理效能和生态产品供给能力，自然保护地规模和管理达到世界先进水平，全面建成中国特色自然保护地体系。自然保护地占陆域国土面积 18% 以上。"

5.1.2 基本原则

《指导意见》明确以下几项基本原则：

（一）坚持严格保护，世代传承

牢固树立尊重自然、顺应自然、保护自然的生态文明理念，把应该保护的地方都保护起来，做到应保尽保，让当代人享受到大自然的馈赠和天蓝地绿水净、鸟语花香的美好家园，给子孙后代留下宝贵的自然遗产。

（二）坚持依法确权，分级管理

按照山水林田湖草是一个生命共同体的理念，改革以部门设置、以资源分类、以行政区划分设的旧体制，整合优化现有各类自然保护地，构建新型分类体系，实施自然保护地统一设置，分级管理、分区管控，实现依法有效保护。

（三）坚持生态为民，科学利用

践行绿水青山就是金山银山理念，探索自然保护和资源利用新模式，发展以生态产业化和产业生态化为主体的生态经济体系，不断满足人民群众对优美生态环境、优良生态产品、优质生态服务的需要。

（四）坚持政府主导，多方参与

突出自然保护地体系建设的社会公益性，发挥政府在自然保护地规划、建设、管理、监督、保护和投入等方面的主体作用。建立健全政府、企业、社会组织和公众参与自然保护的长效机制。

（五）坚持中国特色，国际接轨

立足国情，继承和发扬我国自然保护的探索和创新成果。借鉴国际经验，注重与国际自然保护体系对接，积极参与全球生态治理，共谋全球生态文明建设。

5.1.3 明确自然保护地功能定位

《指导意见》明确自然保护地的功能定位："自然保护地是由各级政府依法划定或确认，对重要的自然生态系统、自然遗迹、自然景观及其所承载的自然资源、生态功能和文化价值实施长期保护的陆域或海域。建立自然保护地目的是守护自然生态，保育自然资源，保护生物多样性与地质地貌景观多样性，维护自然生态系统健康稳定，提高生态系统服务功能；服务社会，为人民提供优质生态产品，为全社会提供科研、教育、体验、游憩等公共服务；维持人与自然和谐共生并永续发展。要将生态功能重要、生态环境敏感脆弱以及其他有必要严格保护的各类自然保护地纳入生态保护红线管控范围。"

《指导意见》强调："做好顶层设计，科学合理确定国家公园建设数量和规模，在总结国家公园体制试点经验基础上，制定设立标准和程序，划建国家公园。确立国家公园在维护国家生态安全关键区域中的首要地位，确保国家公园在保护最珍贵、最重要生物多样性集中分布区中的主导地位，确定国家公园保护价值和生态功能在全国自然保护地体系中的主体地位。国家公园建立后，在相同区域一律不再保留或设立其他自然保护地类型。"

5.1.4 科学划定自然保护地类型

按照自然生态系统原真性、整体性、系统性及其内在规律，依据管理目标与效能并借鉴国际经验，将自然保护地按生态价值和保护强度高低依次分为三类。

国家公园：是指以保护具有国家代表性的自然生态系统为主要目的，实现自然资源科学保护和合理利用的特定陆域或海域，是我国自然生态系统中最重要、自然景观最独特、自然遗产最精华、生物多样性最富集的部分，保护范围大，生态过程完整，具有全球价值、国家象征，国民认同度高。

自然保护区：是指保护典型的自然生态系统、珍稀濒危野生动植物种的天然集中分布区、有特殊意义的自然遗迹的区域。具有较大面积，确保主要保护对象安全，维持和恢复珍稀濒危野生动植物种群数量及赖以生存的栖息环境。

自然公园：是指保护重要的自然生态系统、自然遗迹和自然景观，具有生态、观赏、文化和科学价值，可持续利用的区域。确保森林、海洋、湿地、水域、冰川、草原、生物等珍贵自然资源，以及所承载的景观、地质地貌和文化多样性得到有效保护。包括森林公园、地质公园、海洋公园、湿地公园等各类自然公园。

制定自然保护地分类划定标准，对现有的自然保护区、风景名胜区、地质公园、森林公园、海洋公园、湿地公园、冰川公园、草原公园、沙漠公园、草原风景区、水产种质资源保护区、野生植物原生境保护区（点）、自然保护小区、野生动物重要栖息地等各类自然保护地开展综合评价，按照保护区域的自然属性、生态价值和管理目标进行梳理调整和归类，逐步形成以国家公园为主体、自然保护区为基础、各类自然公园为补充的自然保护地分类系统。

5.1.5 建立统一规范高效的管理体制

《指导意见》明确了自然保护地的管理体制："理顺现有各类自然保护地管理职能，提出自然保护地设立、晋（降）级、调整和退出规则，制定自然保护地政策、制度和标准规范，实行全过程统一管理。建立统一调查监测体系，建设智慧自然保护地，制定以生态资产和生态服务价值为核心的考核评估指标体系和办法。各地区各部门不得自行设立新的自然保护地类型。"

《指导意见》明确了自然保护地分级行使自然保护地管理职责："结合自然资源资产管理体制改革，构建自然保护地分级管理体制。按照生态系统重要程度，将国家公园等自然保护地分为中央直接管理、中央地方共同管理和地方管理3类，实行分级设立、分级管理。中央直接管理和中央地方共同管理的自然保护地由国家批准设立；地方管理的自然保护地由省级政府批准设立，管理主体由省级政府确定。探索公益治理、社区治理、共同治理等保护方式。"

《指导意见》重点强调加强管理机构和队伍建设："自然保护地管理机构会同有关部门承担生态保护、自然资源资产管理、特许经营、社会参与和科研宣教等职责，当地政府承担自然保护地内经济发展、社会管理、公共服务、防灾减灾、市场监管等职责。按照优化协同高效的原则，制定自然保护地机构设置、职责配置、人员编制管理办法，探索自然保护地群的管理模式。适当放宽艰苦地区自然保护地专业技术职务评聘条件，建设高素质专业化队伍和科技人才团队。引进自然保护地建设和发展急需的管理和技术人才。通过互联网等现代化、高科技教学手段，积极开展岗位业务培训，实行自然保护地管理机构工作人员继续教育全覆盖。"

5.2 自然保护地的环境信息平台设计

自然保护地环境信息平台是一个界于自然保护地和社会公众及管理机关之间的信息交流平台，包括四个基本功能板块，如图5-1所示。

科普知识
宣传板块

法律知识
普法板块

自然环境
监控板块

管理机构
治理板块

图 5-1　自然保护地环境信息平台功能板块示意图

5.2.1 科普知识宣传功能板块

设计思想：认识自然、顺应自然、保护自然

设计目标：普及自然知识，认知自然奥秘

设计标语：美丽世界，奇妙造物

（一）科普知识宣传板块的设计思路

这一板块为社会公众提供一个大自然的知识体系，动物、植物、植物、矿物等科普知识展现奇妙多姿的大千世界。

宣传生态保护思想，树立尊重自然、顺应自然、保护自然的理念，坚持绿水青山就是金山银山，深入持久地推进生态文明建设，加快形成人与自然和谐发展的现代化建设新格局，开创社会主义生态文明新时代。

（二）科普知识宣传板块的设计

板块内容：

植物、动物、微生物、矿物、河湖海洋、陆地土壤、湿地沙漠、冰川旷野。

板块功能：

知识学习、经验分享、自然探索、生命感悟。

（三）科普知识宣传板块的数据库设计

科普知识数据库：

（1）植物数据库；（2）动物数据库；（3）微生物数据库；（4）矿物数据库；（5）河湖海洋数据库；（6）土地土壤数据库；（7）湿地沙漠数据库；（8）冰川旷野数据库。

生态案例数据库：

（1）环境污染案例；（2）恢复自然案例；（3）和谐关系案例。

（四）科普知识宣传板块的标准

（1）覆盖领域：整个自然生态环境的全部领域。

（2）分类标准：按照自然科学领域划分。

（3）时标准段：全天候全时段。

（4）形式标准：文字精准、图片精美、视频精致。

（5）内容标准：生动形象地揭示造物之美。

5.2.2 法律知识普法功能板块

设计思想：学习法律、遵守法律

设计目标：宣传法律知识，传播法治精神

设计标语：担当法律责任，建设美丽家园

（一）法律知识板块的设计思路

这一板块为社会公众提供一个全面的大自然的法律保护体系，用法律武器维护生态系统、保障生态权益、治理生态环境。

宣传国家生态资源及环境保护法律，养成公民、企业学习法律、尊重法律、相信法律的思维和习惯。

（二）法律知识板块的设计

板块内容：

植物保护法、动物保护法、微生物保护法、矿物保护法、河湖海洋保护法、陆地土壤保护法、湿地沙漠保护法、冰川旷野保护法。

板块功能：

宣传法律、学习法律、运用法律、遵守法律。

（三）法律知识板块的数据库设计

法律规范数据库：

（1）植物保护法数据库；（2）动物保护法数据库；（3）微生物保护法数据库；（4）矿物保护法数据库；（5）河湖海洋保护法数据库；（6）陆地水土保持法数据库；（7）湿地沙漠保护法数据库；（8）冰川旷野保护法数据库。

司法案例数据库：

（1）刑事生态案例；（2）民事生态案例；（3）行政生态案例。

（四）法律知识板块的标准

（1）覆盖领域：生态环境保护的所有法律规范全部纳入。

（2）分类标准：按照法律部门进行划分。

（3）时标准段：全天候全时段。

（4）形式标准：领域部门划分准确、检索方法简单。

（5）内容标准：诉讼请求明确、事实证据清楚、适用法律准确。

5.2.3 自然环境监控功能板块

设计思想：全面监督、全面治理、原生态恢复

设计目标：建立生态环境监管平台，实现生态监管全覆盖

设计标语：用实际行动践行绿水青山的伟大梦想

（一）自然环境监控板块的设计思路

这一平台使所有企业处于生态监督之下，污水排放、噪音释放、大气污染等环境信息都被公开，接受政府监管和社会监督。

接受监管的企业在平台上公开环境信息，是企业践行生态文明理念、承担环境保护责任的具体体现；同时，这也是政府实现生态环境治理的基础，是实现生态文明建设的必经之路。

（二）自然环境监控板块的设计

板块内容：

大气监控板块、饮用水监控板块、污水监控板块、土壤监控板块、噪声污染监控板块、固体废物监控板块。

板块功能：

公井信息、排放量统计、行政监管、公众监督、监管服务、宣传教育。

（三）自然环境监控板块的数据库设计

政府监管数据库：

（1）污染案例数据库；（2）固体垃圾数据库；（3）污染物数据库；（4）企业数据库。

政府自有数据库：

（1）政策法律数据库；（2）执法数据库；（3）自然资源数据库；（4）生态环境数据库。

（四）自然环境监控板块的标准

（1）覆盖领域：整个自然生态环境的全部领域。

（2）分类标准：覆盖所有环境监控和污染治理领域。

（3）时标准段：全天候全时段。

（4）形式标准：文字精准、图片精美、视频精致。

（5）内容标准：生动形象地展示监管与被监管的动态关系。

5.2.4 管理机构治理功能板块

设计思想：智慧监管全覆盖、深度治理无遗漏

设计目标：建立全视角监控平台，建设全方位集成办公平台

设计标语：政府管理自然资产，社会享受自然红利

（一）管理机构治理板块的设计思路

这一平台给政府环保部门提供一个多主体协同操作平台，也是一个智能集成的办公平台。

在这一平台上有信息流、生物流、技术流、知识流若干个动态流动系统，是政府运用社会资金、技术对自然资源进行管控的实际操作平台。

（二）管理机构治理板块的设计

板块内容：

自然资源确权登记板块、自然资源使用监控板块、自然资源保护修复板块、自然资源监督管理板块。

板块功能：

资源公开、信息监督、资源管理、集成办公。

（三）管理机构治理板块的数据库设计

管理机构数据库：

（1）机构组织职能数据库；（2）机构办事程序数据库；（3）行政执法数据

库；（4）档案存储数据库。

管理人员数据库：

（1）公务人员数据库；（2）领导干部数据库；（3）外聘专家数据库；（4）专业人员数据库。

（四）管理机构治理板块的指标标准

（1）覆盖领域：整个自然生态环境的全部领域。

（2）分类标准：按照自然科学领域划分。

（3）时标准段：全天候全时段。

（4）形式标准：文字精准、图片精美、视频精致。

（5）内容标准：生动形象地揭示造物之美。

5.3 国家公园管理主体的属性是自然生态有效治理的根源

前面的研究表明，借助环境信息平台的建设，可以实现自然资源和生态环境的保护与恢复。因为，在环境信息平台上，可以清晰地展现出两条信息路径：一条路径是非人类活动参与下的国家保护地的自然环境信息，另一条路径是以人类活动为中心的城乡的社会环境信息。在这两条路径之下，环境信息平台已经不单单具有信息公开、宣传法律、科普教育的法律及伦理功能，而是可以作为政府的工作平台，具有了监督、治理、协调、恢复等多项操作功能。我国目前自然保护地的建设重点在于如何使管理主体具有管理权力、拥有合法身份、依据法律规范实施科学有效的管理。而固体废物制度虽然是一项看似不那么重要的法律制度，但这项法律制度却关系到我们整个生态环境的质量，固体垃圾的处理机制不科学使得因垃圾填埋而造成的土壤污染、水源污染、大气污染循环污染。为此，我们特别提供了一套完整的固体垃圾处理的法案。本章主旨是通过探索我国未来国家公园管理主体的属性，建构体系科学的管理机制，从而凭借环境信息平台的诸种功能实现对自然资源的有效治理。

5.3.1 国家公园的属性不明是所有问题的起点

1832 年，以描绘印第安人生活著称的画家乔治•卡特琳（George Catlin）

首次倡议，应该建立一个"人类和野兽共生的、完全展示了自然之美的野性和清新"的"国家的公园"（A nation's Park）①。40年后的1872年，这个天才般的构想成为现实，主体位于怀俄明州西北部近9万平方千米的地区被辟为人类历史上第一个真正意义上的国家公园——黄石国家公园（Yellowstone National Park）。此后的一百多年里，国家公园体制在世界范围内推广开来，目前世界上一百多个国家和地区已建立了近万个国家公园。国家公园体制已成为国际公认的有效的荒野自然保护模式，联合国环境规划署（UNEP）认定，国家公园在"储备地球自然场域、保护生物多样性以及可持续使用自然资源等方面起到了非常重要的作用"②。在生态文明建设成为高度社会共识的时代背景下，党的十八届三中全会于国家战略层面首次提出，要"加快生态文明制度建设……建立国家公园制"。其后，在中共中央、国务院《关于加快推进生态文明建设意见》《生态文明体制改革总体方案》《建立国家公园体制总体方案》《关于建立以国家公园为主体的自然保护地体系的指导意见》等纲领性文件中，我国国家公园建设理念和思路愈来愈坚定和清晰，相关制度保障和政策措施陆续出台，遍布全国的10处国家公园体制试点工作顺利有序开展。2018年4月10日，国家公园管理局举行揭牌仪式。2019年10月，党的十九届四中全会的决定指出："完善以宪法为核心的中国特色社会主义法律体系，加强重要领域立法，加快我国法域外适用的法律体系建设，以良法保障善治。"这一指导方针为我们分析实然问题、探索应然属性、解决现实冲突指明根本路径。

目前我国对国家公园管理机构的定性研究存在很多问题。从宏观来看，国家公园管理机构的定性问题是一个长久被忽视的问题，在全国期刊网上以"自

---

① 这是学界较为公认的关于"国家公园"的最早的正式表述。如 Peter Matthiessen 在《序言》中所说："为了保护黄石河与上密苏里州交汇处北部平原上庞大的美洲野牛群，卡特琳确实是第一个发明创造并推荐使用'国家的公园'术语的人。"参见 George Catlin.North A-merican Indians，Edited with an Introduction by Peter Matthiessen[M].New York：Penguin Books USA Inc.，1989.

② 据联合国环境规划署世界保护监测中心（UNEP — WCMC）发布的《联合国保护区名录2014》（2014 United Nations List of Protected Areas）。参见 Marine Deguignet，Diego Juffe-Bignoli，Jerry Harrison，etal. 2014 United Nations List of Protected Areas [M]. Cambridge：UNEP — WCMC，2014：1-3.

然保护区"+"管理机构"为篇名搜索，找到的论文仅有三篇，以"国家公园"+"管理机构"为篇名搜索，找到的论文也仅有三篇。上述搜索结果显示，目前我国学术界对国家公园、保护区管理机构的研究缺乏足够的重视，目前的结果尚不足以支撑解决问题的有效理论。为此，我们需要从基础理论的角度来彻底厘清这一纠缠许久的"保护区管理机构属性之痛"。

（一）属性是解决问题的根源

世界上的万事万物都有许多的性质，如形状、颜色、气味等。一个事物除了有许多性质外，还与其他事物间存在各种关系。在形式逻辑中把事物的性质和关系统称为事物的属性。一般来说，事物会有多方面属性，在事物的诸多属性中，有些属性是某个或某类事物所特有的，这些属性决定该事物的本质，使某一事物成为它自己本身，并把这种事物与其他事物区别开来。这种属性就是这些事物的本质属性，也就是这些事物的本质规定性。一般而言，法律定性是指从法律的角度探索法律领域里某事物的本质属性。定性问题既是认识法律事物的重要方法，也是确立法律制度首先要面对的问题，因为只有回答了一个事物的定性问题之后才能决定是否立法以及如何立法，然后才谈得上事物的功能与范围及实施的途径与效果。因此，这个问题是研究认识和建构国家公园管理机构法律制度的基础和前提。

（二）根源之上的枝与叶

总体而言，国家公园管理机构的定性问题是一个根本性的基础问题，这个问题决定了一系列其他问题。首先，法律属性决定了国家公园管理机构到底"是什么"，而一个事物之所以是该事物的依据，就在于它"是什么"。因此，只有厘清国家公园管理机构到底"是什么"，才能对国家公园管理机构的制度进行科学定位，而定位则是对国家公园制度进行功能设计的基础和前提。其次，国家公园管理机构的定性问题，决定了国家公园管理机构制度在国家制度体系中的地位，进而确定国家公园管理机构制度的功能和范围。一般来说，只有科学把握和确定国家公园管理机构"是什么"，才能明确国家公园管理机构应该"位于何处"，最终决定国家公园管理机构"能够做什么"和"能够管什么"。再次，国家公园管理机构的功能问题，进一步决定了国家公园管理过程中被管理者的权利和国家公园管理机构的权力。权力和权利是国家公园实现管理功能的法律媒介。最后，国家公园管理机构的程序问题，决定了国家公园日常管理的操作规程。在现实生活中，国家公园管理机构的效力具体体现为具体国家公园管理具体案件的结果。由此可见，一个国家公园管理机构处理具体案件的结果与前面几个层面的问题有着递进式的因果关系。因此，在我们看到国家公园管理机构效果不好的时候，不仅需要关注国家公园管理机构效果的好坏、国家公园管理机构双方的权利义务、国家公园管理机构的程序，还要关注国家公园管理机构的功能设定是否科学，更要深入研究和明确国家公园管理机构的定性。简言之，要想解决国家公园管理机构的效果问题，必须对国家公园管理机构的根本问题进行追根究底、抽丝剥茧式的研究，而国家公园管理机构的定性问题恰是解决所有这些问题的最深层基础。可以这样讲，这个问题不解决，中国18%的土地，连同土地上的动物、植物，中国最美丽的地方，就是失守的，是丧失生态功能的地方（见图5-2）。

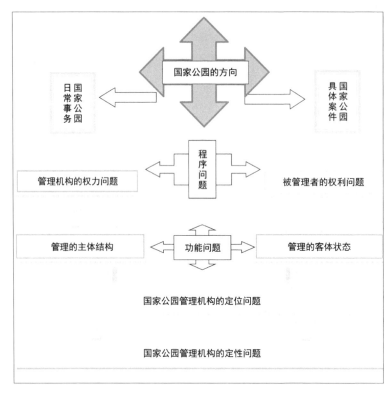

图 5-2 国家公园重大理论问题的层次结构

5.3.2 诸多并发症皆源于属性错误定位

根据"全国自然保护区基础调查与评价"专项数据和统计资料,目前自然保护区的管理机构运行主要有四种性质,即行政单位、参公单位、事业单位和企业单位①。有的保护区甚至同时存在其中几种情形,叫作"一套人马,几块牌子",其实是一种混合模式,这是第五种形式的管理机构。这几种形式的存在,说明自然保护区管理机构的定性十分模糊,并且在实践中由于定性的模糊常带来如下诸多的问题:

(一)定性不准造成管理主体身份混乱

行政机关是依据《宪法》和《地方各级人民代表大会和地方各级人民政府组织法》的规定而设立的国家行政机关,是立法机关的执法机关;事业单位则是依据《事业单位登记管理暂行条例》而登记成立的社会服务组织;企业则是按照《企业法人登记管理条例》的规定而成立的全民所有制企业、集体所有制企业、联营企业、中外合资经营企业、中外合作经营企业和外资企业、私营企业。可见,行政机关、事业单位、企业法人这三种组织成立的法律依据不同,因而其性质也是截然不同的。由于这三种主体的性质不同,其所承担的管理范围、管理职责、管理权限也就不同。在这三种主体中,只有行政机关有完整的行政管理权和执法权,处罚权只是行政管理权和执法权中的一种,事业单位的宗旨和目标是提供服务的社会组织,虽然具有一定的公共性,但由于其职能是服务,因而执法权并不充分,完全依赖于行政机关具体单项权力的委托;而企业则是以实现个体利润为目标的经济实体,是一个私法主体,并不承担公共事务管理的职责。这三种主体性质有着巨大的差异,因而不能混同,更不能一套人马、三块牌子,既是行政管理机关,又是公共服务部门,还是企业单位,一个机构、三个身份,想当谁就是谁,想干什么就用什么牌子。由于自然保护区管理机构的性质无章可循,部分自然保护区管理机构集行政、事业和企业性质于一体,具有执法、管理和开发经营等多项职责②。同时保护区管理机构常常表

---

① 夏欣,王智,徐网谷,等. 中国自然保护区管理机构建设面临的问题与对策探讨[J]. 生态与农村环境学报,2016,32(1):30-34.

② 李海峰,周汝良. 云南省自然保护区建设和管理中存在的问题及对策分析[J]. 林业调查规划,2013,38(6):64-67.

现为资源的保护者与经营者的双重身份，大多数保护区管理机构直接参与经营，又不同程度排斥社区利益。这种既是执法者又是执法对象的体制上的混乱，势必造成管理上的混乱，易加剧与社区的矛盾，也易加重对自然资源的压力①。到底是属于政府的派出机构还是独立法人，是否具有执法主体资格等没有明确规定。保护区的管理机构往往没有权力作出处罚，难以有效履行管理者的职责②。

（二）定性不准造成经费不足

由于管理机构是行政机关还是事业或者企业单位的性质搞不清楚，直接导致经费问题，行政机关所需开支应当纳入财政预算，由国库来全额保障。而事业单位则包括四种情形，"全额拨款""参公（即参照公务员）""财政补贴""自收自支"四类。而企业则应当自创利润、自负盈亏、依法纳税。可见，管理机构的性质不同，依据不同的规章制度，从不同的渠道取得财政资金来源，其员工也享受不同的福利待遇。据"全国自然保护区基础调查与评价"专项中针对保护区经费投入情况的调查，对于国家级和省级自然保护区共收集722份完整有效的调查数据，统计结果表明，722个自然保护区的年管理运行经费为12.58亿元，按保护区编制人员数量计，每人每年的管理运行经费为4.34万元。而绝大多数市县级保护区没有持续的财政经费支持，多数保护区都是代管，人员较少或不固定，不能实施有效管理，导致保护目标不能达成。一般来说，国家级自然保护区的建设和管理经费由省级以上财政负担，部分省级自然保护区也能得到省级财政经费的支持，其机构建设和人员配置等能得到保障。如果将管理机构设计成为企业单位，往往造成既不能有效完成行政管理职责，又得自己找饭吃的尴尬局面。

（三）定性不准造成保护区功能偏差

目前，我国多数属于行政与事业单位的自然保护区，几乎都逐步建立起自我创收机制，实行差额事业单位或事业单位企业化管理与经营混为一体的运行

① 欧阳志云，王效科，苗鸿，等.我国自然保护区管理体制所面临的问题与对策探讨[J].科技导报，2002（1）：49-52.
② 梅凤乔.自然保护区有效管理亟待完善体制[J].环境保护，2006（11A）：52-54.

机制①。以管理机构为事业单位或行政单位的国家级和省级保护区为例，对旅游活动的开展状况进行调查统计，这部分保护区目前已开展旅游活动的比例达60%以上。保护区管理机构将管理与经营混为一体，易导致管理职能减弱、主要职能偏离。

（四）定性不准造成保护区无名无分

目前仍存在"批而不建，建而不管"的现象，全国有约30%的保护区未建立相应的管理机构。部分保护区甚至有名无实，仅由政府文件批准建立，但实际上为无机构、无人员、无边界的"三无"自然保护区②。这使得设立保护区制度的初衷无法落实，保护区制度也名存实亡。而已建机构中，审批重形式、轻实质，人员编制无法落实，优秀的技术人才不能留住。此外，大部分市县级自然保护区为代管机构，人员配置不固定，难以实施有效管护，造成保护区大片区域上的管理空白。在实际管理中，由于部分保护区土地权属不清，导致保护区管理机构无法对区内资源进行有效管理，甚至无力或无权对区内的资源开发或建设活动进行干预③。

（五）定性不准造成保护区生态功能失守

根据《自然保护区条例》规定，自然保护区管理机构由有关保护区行政主管部门设立，并配备专业技术人员。但由于现行保护区管理体制存在部门交叉、上下级权责不清等问题，导致主管部门责任不明确。以衡水湖管理机构为例，从衡水湖国家级自然保护区成立以来，衡水湖管理机构共经历了三个历史阶段：第一个阶段是"河北衡水湖国家级自然保护区管理处"时期，为"市人民政府直属事业单位（相当于处级），人员编制15名"。（2000年河北省编办93号文件）第二个阶段是"河北衡水湖国家级自然保护区管理委员会"时

---

① 田信桥，李明华. 论自然保护区管理中存在的问题与法制因应 [C]// 林业、森林与野生动植物资源保护法制建设：2004 年中国环境资源法学研讨会（年会）论文集. 重庆：中国法学会环境资源法学研究会，2004：796-801.

② 欧阳志云，王效科，苗鸿，等. 我国自然保护区管理体制所面临的问题与对策探讨 [J]. 科技导报，2002（1）：49-52.

③ 杨欣，梅凤乔. 我国自然保护区的土地权属问题研究 [J]. 四川环境，2007，26（4）：60-64.

期，"工委、管委会一套人马两块牌子，为市委、市政府的派出机构，代表市委、市政府对自然保护区行使赋予的职权。实行统一领导、统一管理和综合执法。管委会编制 30 人"。（2005 年衡水市编办 52 号文件）第三个阶段是"河北衡水湖国家级自然保护区管理委员会"与滨湖新区并立并存时期。"组建中共衡水滨湖新区工作委员会（挂中共河北衡水湖国家级自然保护区委员会牌子）和衡水湖滨湖新区管理委员会（挂衡水湖国家级自然保护区工作管委会牌子），分别作为中共衡水市委和衡水市政府的派出机构，规格为正处级，编制 35 人。根据衡水市委、市政府的授权，对衡水滨湖新区控管区实行管理、监督、协调、服务职能，对控管区的冀州市（今冀州区）魏屯镇、冀州市（今冀州区）顺民庄和桃城区彭杜乡实行托管管理。指导区的总体规划由衡水滨湖新区负责，具体实施分别由冀州市（今冀州区）、桃城区和枣强县负责。"（2012年河北省编委 12 号文件）可见，在衡水湖保护区的管理机构方面，名称从管理处到管委会，事业编人员从 15 人增加到 35 人，从"相当于处级"演变到正处级，职能从起初的单一的管理职能到工委、管委并行，性质从保护区到保护区和滨湖新区并行。特别令人不解的是，在衡水湖边上又成立了衡水湖经济开发区。这样，围绕一个衡水湖，本应当保持的生态功能这一单一目标，就完全变异成为社会发展和经济发展两个目标与生态目标互相冲突，生态目标慢慢被淡化，社会发展和经济发展渐渐蚕食衡水湖生态。这样的制度设计完全偏离设立国家级自然保护区的初衷。

5.4 国家公园主体属性的内在法理探究

所谓国家公园管理机构的应然属性指的是在理论上，国家公园的管理机构的内在性质和外在形式。内在性质指的是公共属性还是私人属性，抑或是半公半私，应当属于公法管辖还是属于私法管辖抑或是两者兼具。外在形式指的是管理机构是行政编制还是企业编制抑或是事业编制。

5.4.1 四重理论视角下看国家公园的属性

国家公园的应然属性，需要从微观、中观、宏观三层视角来审慎地推演，这三个层次的推演结论应当是同一的。同时，国家公园的应然属性还应当从专业的层位上来进行验证，以达到"三横一纵"模式下的一致。

（一）法理视角下国家公园管理机构的"基因序列"

公法关系与私法关系是两类不同的法律关系，公法关系是存在于公法主体与公法主体及公法主体与行政相对人之间的法律关系，公法关系是纵向的管理关系、监督关系。而私法关系则是存在于私法主体之间的法律关系，私法关系是横向的平等关系、合作关系。公法关系中至少有一个主体是公主体，而私法主体则双方都是私主体。公法主体与私法主体之间不是平等关系，而私法主体之间则是平等关系。公法主体之间通过权力 - 权力、权力 - 权利关系进行制衡，而私法主体之间则通过权利 - 权利关系而进行互动。就如同男性的基因序列与女性的基因序列不同一样，公法关系与私法关系同样存在明显的差异，二者不能混同。

对于国家公园来讲，公园的管理机构是具有行政管理职能的组织，是一个典型的公法主体，与国家公园地理范围内的公民、法人是一个管理与被管理、监督与被监督的关系。公园的管理机构是位于国家行政体系中的一个必要环节。因此，从法理上讲，国家公园的管理机构应当是具有行政属性、具有执法权力的行政机关（见图 5-3）。

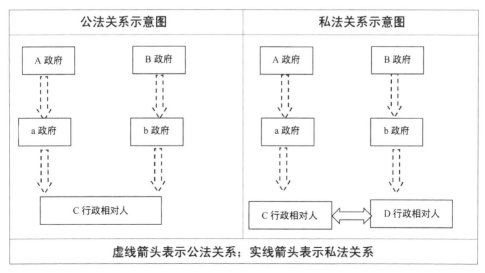

图 5-3 公法关系与私法关系区别示意图

（二）宪法视角下将自然资源认定为国有资产

从《宪法》相关规定来看，首先，建设国家公园是建设生态文明的一个重要环节，属于国家行政机关管辖。换言之，管辖国家公园的必定是国家行政机关。其次，自然资源属于国家所有、全民所有，国家公园的终极归属是国家。因此，国家有责任保障自然资源的合理利用，具体而言，国家通过其主动的干涉和管理手段保护自然资源。简言之，国家之所有，必为国家之所管。

（三）行政组织法视角下将管理机构定性为国家行政机关

《地方各级人民代表大会和地方各级人民政府组织法》（1979 年 7 月 1 日起施行，2015 年 8 月 29 日第十二届全国人民代表大会常务委员会第十六次会议修改）第五十四条规定："地方各级人民政府是地方各级人民代表大会的执行机关，是地方各级国家行政机关。"第五十五条规定："全国地方各级人民政府都是国务院统一领导下的国家行政机关，都服从国务院。地方各级人民政府必须依法行使行政职权。"从这些规定可以看出，国家公园的管理机构应当是政府的一部分，政府是行政机关，管理机构也应当是行政机关，否则，管理机构就无法行使行政职权。依据《地方各级人民政府机构设置和编制管理条例》（2007 年 5 月 1 日起施行）第六条规定："依照国家规定的程序设置的机构和核定的编制，是录用、聘用、调配工作人员、配备领导成员和核拨经费的依据。"第十五条规定："机构编制管理机关应当按照编制的不同类别和使用范围审批编制。地方各级人民政府行政机构应当使用行政编制，事业单位应当使用事业编制，不得混用、挤占、挪用或者自行设定其他类别的编制。"可见，属政府的机构是行政编制，事业单位才能用事业编制。从这一条的规定的管理体制来看，管理机构也是行政机关的管理体制，因此也是行政编制。

（四）《自然保护区条例》下管理机构应是行政机关

《自然保护区条例》第八条规定："国家对自然保护区实行综合管理与分部门管理相结合的管理体制。国务院环境保护行政主管部门负责全国自然保护区的综合管理。国务院林业、农业、地质矿产、水利、海洋等有关行政主管部门在各自的职责范围内，主管有关的自然保护区。"这一规定奠定了我国自然保护区管理机构的管理模式。从上述规定中可以解读出来自然保护区是一种独特的管理体制，即环境保护部门负责综合管理、相关主管部门负责相关管理。但是，不论是环保部门还是相关部门，显然都是行政管理机关。从这种复合管理的模式来分析，自然保护区管理机构的性质当然也是行政管理机关。而对于国家公园所脱胎的自然保护区，管理机构也是行政管理机关就确定无疑了。这种交叉的管理模式往往造成两个负面影响：一是权力部门之间的抵牾，容易滋生权力冲突。九龙治水，越治越乱。二是这种管理模式往往存在权力机关之间的互相推诿，明明影响自然生态环境的事件，却谁都不管，也不敢管，也无权管。

5.4.2 改革背景下中国迫切地呼求新的管理模式

坚持和完善中国特色社会主义行政体制，构建职责明确、依法行政的政府治理体系成为当代中国体制改革的总目标。在国家公园管理机构的顶层设计上，要做到完善国家公园管理机构的行政体制，优化国家公园管理机构的职责体系，优化其组织结构，健全充分发挥中央和地方两个积极性的机制。

以推进国家公园管理机构职能优化协同高效为着力点，优化行政决策、行政执行、行政组织、行政监督体制。在国家公园的横向管理职权上，健全相关部门协调配合机制，防止政出多门、政策效应相互抵消。深化行政执法体制改革，最大限度地减少不必要的行政执法事项。进一步整合行政执法队伍，实行生态综合执法，推动执法重心下移，提高行政执法能力和水平。落实行政执法责任制和责任追究制度。创新生态行政管理和服务方式，加快推进全国自然保护地一体化政务服务平台建设，健全强有力的行政执行系统，提高政府执行力和公信力。在国家公园的纵向管理职权上，理顺中央和地方权责关系，加强中央宏观事务管理，维护国家公园法制统一、管理统一、机制统一。按照权责一致的原则，规范垂直管理体制和地方分级管理体制。构建国家公园从中央到地方权责清晰、运行顺畅、充满活力的工作体系。

（一）《建立国家公园体制总体方案》提出建立统一管理机构

2017 年 9 月 26 日，中共中央办公厅、国务院办公厅印发《建立国家公园体制总体方案》。这一方案明确提出了"建立统一事权、分级管理体制"（见表 5-1）。

表 5-1 《建立国家公园体制总体方案》的规范分析表

建立统一事权、分级管理体制		
（八）建立统一管理机构。整合相关自然保护地管理职能，结合生态环境保护管理体制、自然资源资产管理体制、自然资源监管体制改革，由一个部门统一行使国家公园自然保护地管理职责。国家公园设立后整合组建统一的管理机构，履行国家公园范围内的生态保护、自然资源资产管理、特许经营管理、社会参与管理、宣传推介等职责，负责协调与当地政府及周边社区关系。可根据实际需要，授权国家公园管理机构履行国家公园范围内必要的资源环境综合执法职责。	（九）分级行使所有权。统筹考虑生态系统功能重要程度、生态系统效应外溢性、是否跨省级行政区和管理效率等因素，国家公园内全民所有自然资源资产所有权由中央政府和省级政府分级行使。其中，部分国家公园的全民所有自然资源资产所有权由中央政府直接行使，其他的委托省级政府代理行使。条件成熟时，逐步过渡到国家公园内全民所有自然资源资产所有权由中央政府直接行使。按照自然资源统一确权登记办法，国家公园可作为独立自然资源登记单元，依法对区域内水流、森林、山岭、草原、荒地、滩涂等所有自然生态空间统一进行确权登记。划清全民所有和集体所有之间的边界，划清不同集体所有者的边界，实现归属清晰、权责明确。	（十）构建协同管理机制。合理划分中央和地方事权，构建主体明确、责任清晰、相互配合的国家公园中央和地方协同管理机制。中央政府直接行使全民所有自然资源资产所有权的，地方政府根据需要配合国家公园管理机构做好生态保护工作。省级政府代理行使全民所有自然资源资产所有权的，中央政府要履行应有事权，加大指导和支持力度。国家公园所在地方政府行使辖区（包括国家公园）经济社会发展综合协调、公共服务、社会管理、市场监管等职责。

（二）《关于建立以国家公园为主体的自然保护地体系的指导意见》给出的方向

2019 年 6 月 26 日，中共中央办公厅、国务院办公厅印发了《关于建立以国家公园为主体的自然保护地体系的指导意见》，并发出通知，要求各地区各部门结合实际认真贯彻落实（见表 5-2）。

表 5-2 《关于建立以国家公园为主体的自然保护地体系的指导意见》的规范分析表

《建立以国家公园为主体的自然保护地体系的指导意见》规定的统一管理、分级行使、产权确认、差别管控管理机制	
（十）统一管理自然保护地。理顺现有各类自然保护地管理职能，提出自然保护地设立、晋（降）级、调整和退出规则，制定自然保护地政策、制度和标准规范，实行全过程统一管理。建立统一调查监测体系，建设智慧自然保护地，制定以生态资产和生态服务价值为核心的考核评估指标体系和办法。各地区各部门不得自行设立新的自然保护地类型。	（十一）分级行使自然保护地管理职责。结合自然资源资产管理体制改革，构建自然保护地分级管理体制。按照生态系统重要程度，将国家公园等自然保护地分为中央直接管理、中央地方共同管理和地方管理三类，实行分级设立、分级管理。中央直接管理和中央地方共同管理的自然保护地由国家批准设立；地方管理的自然保护地由省级政府批准设立，管理主体由省级政府确定。探索公益治理、社区治理、共同治理等保护方式。

（续表）

《建立以国家公园为主体的自然保护地体系的指导意见》规定的 统一管理、分级行使、产权确认、差别管控管理机制	
（十三）推进自然资源资产确权登记。进一步完善自然资源统一确权登记办法，每个自然保护地作为独立的登记单元，清晰界定区域内各类自然资源资产的产权主体，划清各类自然资源资产所有权、使用权的边界，明确各类自然资源资产的种类、面积和权属性质，逐步落实自然保护地内全民所有自然资源资产代行主体与权利内容，非全民所有自然资源资产实行协议管理。	（十四）实行自然保护地差别化管控。根据各类自然保护地功能定位，既严格保护又便于基层操作，合理分区，实行差别化管控。国家公园和自然保护区实行分区管控，原则上核心保护区内禁止人为活动，一般控制区内限制人为活动。自然公园原则上按一般控制区管理，限制人为活动。结合历史遗留问题处理，分类分区制定管理规范。

5.5 国家公园主体属性的实现路径

党的十八大、十九大以来，生态文明建设是关系中华民族永续发展的千年大计。特别是党的十九大四中全会的决议指出："必须践行绿水青山就是金山银山的理念，坚持节约资源和保护环境的基本国策，坚持节约优先、保护优先、自然恢复为主的方针，坚定走生产发展、生活富裕、生态良好的文明发展道路，建设美丽中国。"实行最严格的生态环境保护制度。在保护区域内，坚持人与自然和谐共生，坚守尊重自然、顺应自然、保护自然的理念，健全源头预防、过程控制、损害赔偿、责任追究的生态环境保护体系。加快建立健全国土空间规划和用途统筹协调管控制度，统筹划定生态功能保护线，完善主体功能区制度。加快建立自然资源统一调查、评价、监测制度，健全自然资源监管体制。健全生态保护和修复制度。统筹山水林田湖草一体化保护和修复，加强森林、草原、河流、湖泊、湿地、海洋等自然生态保护。加强对重要生态系统的保护和永续利用，构建以国家公园为主体的自然保护地体系，健全国家公园保护制度。开展大规模国土绿化行动，加快水土流失和荒漠化、石漠化综合治理，保护生物多样性，筑牢生态安全屏障。除国家重大项目外，全面禁止围填海。严明生态环境保护责任制度。建立生态文明建设目标评价考核制度，强化环境保护、自然资源管控、节能减排等约束性指标管理，严格落实企业主体责任和政府监管责任。开展领导干部自然资源资产离任审计。健全生态环境监测和评价制度，完善生态环境公益诉讼制度，落实生态补偿和生态环境损害赔偿制度，实行生态环境损害责任终身追究制。

5.5.1 云南模式：管理机关只有片段式的行政权

云南省第十二届人民代表大会常务委员会第二十二次会议通过的《云南省国家公园管理条例》于 2016 年 1 月 1 日起开始施行。该条例确立了省政府的协调机制，市（州）人民政府明确国家公园管理机构受林业行政部门业务指导和监督、具有处罚权的体制。省政府的协调机制是行政软机制，林业行政部门业务指导和监督也给出了明确的管理机构的归属，具有处罚权则突出行政权力的有限性，即只具有处罚权，除处罚权以外的行政决定权、行政许可权、行政强制权等具体权力则不具有（见表 5-3）。

表 5-3 《云南省国家公园管理条例》的规范分析

《云南省国家公园管理条例》规定的管理机制	
第五条 省人民政府应当将国家公园的发展纳入国民经济和社会发展规划，建立管理协调机制，将保护和管理经费列入财政预算。 省人民政府林业行政部门负责本省国家公园的管理和监督。 发展改革、教育、科技、财政、国土资源、环境保护、住房城乡建设、农业、水利、文化、旅游等部门按照各自职责做好有关工作。	第六条 国家公园所在地的州（市）人民政府应当明确国家公园管理机构。 国家公园管理机构接受本级人民政府林业行政部门的业务指导和监督，履行下列职责： （一）宣传贯彻有关法律、法规和政策； （二）组织实施国家公园规划，建立健全管理制度； （三）保护国家公园的自然资源和人文资源，完善保护设施； （四）开展国家公园的资源调查、巡护监测、科学研究、科普教育、游憩展示等工作，引导社区居民合理利用自然资源； （五）监督管理国家公园内的经营服务活动； （六）本条例赋予的行政处罚权。

5.5.2 三江源模式：统一完整的行政管理权

青海省第十二届人民代表大会常务委员会第三十四次会议通过的《三江源国家公园条例（试行）》2017 年 8 月 1 日起施行。该条例确立了独立的县级国家公园管理机构，管理涉及自然资源资产管理和生态保护，同时，还有一系列的配合机关，如政府发展改革、经济和信息化、教育、财政、民政、国土资源、环境保护、住房城乡建设、交通运输、水利、农牧、文化新闻出版、林业、商务、科技、旅游、扶贫开发等主管部门。统一行使管理区域内的自然保护区、地质公园、国际国家重要湿地、水利风景区等各类保护地的管理职责（见表 5-4）。

表 5-4　《三江源国家公园条例（试行）》的规范分析

《三江源国家公园条例（试行）》规定的管理机制		
第十五条　三江源国家公园所在地县人民政府涉及自然资源资产管理和生态保护的行政管理职责，由国家公园管理机构统一行使。	第十六条　省和三江源国家公园所在地州人民政府发展改革、经济和信息化、教育、财政、民政、国土资源、环境保护、住房城乡建设、交通运输、水利、农牧、文化新闻出版、林业、商务、科技、旅游、扶贫开发等主管部门应当按照职责配合国家公园管理机构做好相关工作。	第十七条　国家公园管理机构统一行使国家公园内自然保护区、地质公园、国际国家重要湿地、水利风景区等各类保护地的管理职责。

5.5.3 武夷山模式：统一管理加大范围协调权

福建省十二届人大第三十二次会议表决通过的《武夷山国家公园条例（试行）》于 2018 年 3 月 1 日起正式施行。该条例以四个条文确立了管理机制，一方面是省政府的协调机制，这是一个软机制；另一方面是国家公园管理机构的集中统一管理机制，这是一个硬的、实实在在的管理机构；再一方面是国家公园所在区市乡镇政府的协同管理居委会的协助参与，这是外围参与机制，所在区市乡镇政府的其他行政机关的配合机制（见表 5-5）。

表 5-5　《武夷山国家公园条例（试行）》的规范分析

《武夷山国家公园条例（试行）》规定的管理机制	
第九条　省人民政府建立武夷山国家公园保护、建设和管理工作协调机制，成立由省人民政府负责人担任召集人，武夷山国家公园管理机构和省人民政府有关部门、所在地设区的市、县（市、区）人民政府负责人组成的联席会议，协调解决保护、建设和管理中的重大问题。	第十条　武夷山国家公园实行集中统一管理。武夷山国家公园管理机构统一履行国家公园范围内的各类自然资源、人文资源和自然环境的保护与管理职责；受委托负责国家公园范围内全民所有的自然资源资产的保护、管理，履行国家公园范围内世界文化和自然遗产的保护与管理职责。
第十一条　建立以武夷山国家公园管理机构为主体，所在地设区的市、县（市、区）、乡（镇）人民政府协同管理，村（居）民委员会协助参与，主体明确、责任清晰、相互配合的管理机制。	第十二条　武夷山国家公园所在地设区的市、县（市、区）人民政府负责履行国家公园范围内经济社会发展综合协调、公共服务、社会管理、市场监管、旅游服务等有关职责；配合国家公园管理机构做好生态保护等工作。

在国家公园保护这一战场上充满了各样的冲突和矛盾。要想在这个战场打胜仗，必须有一支强有力的执法队伍，而且这支执法队伍要有强有力的武器。面对这样巨大的挑战，事业单位的服务属性是难以承担的，企业单位的趋利属性也是不能指望的。设立行政机关是唯一正确的制度设计。中国最美丽的自然

保护地配最高效的管理机构，同时也配最有效的管理模式。将国家公园的管理机构定性为行政管理机关既是实现有效管理的基本组织要求，也是实现有效监管的根本体制保障。更为重要的是，将国家公园管理机构定性为行政管理机关，也是法治体系给出的唯一且确切的答案。非此，没有任何一种其他属性的组织可以担当保护国家公园自然资源的重任。

第6章 社会生态治理的环境信息平台研究

固体废物制度虽然看似是一项不那么重要的法律制度，但这项法律制度却关系到我们整个生态环境的质量。我们相信，如果这部法律能够得以实行，未来的中国一定是山青、水绿、人更美的国家。

这是一部特别有创新意义的综合性立法，通过改变一个行为、一个政策，达到建设一个新产业、形成一种新秩序的目的，收到"一法治三污、一法保三洁"的理想效果。

生态环境的质量折射出一个民族的整体行为，暴露出这个民族内在的良心。一个被垃圾充斥的环境直接指出了这个民族行为的放纵、贪婪与猖狂，揭示出内心的懒惰、傲慢与自私。而一个美丽的环境则直接诉说一个民族行为的谦卑、节制与顺从，表现出其道德上的良善、勤劳与温柔。

对当代的中国人来讲，要想在未来拥有蓝天、白云、青山、绿水，至少有两件事情必须要做：第一件事就是停止把垃圾往地下填埋，第二件事就是把以前埋在地下的垃圾挖出来重新处理掉。

很多人会说："这怎么可能！"但是，中国的高铁却可以开到任何地方，卫星也可以飞到外太空。实事求是地讲，这不是技术问题，而是决心问题，是我们现在所有中国人是不是下定决心改正我们乱丢垃圾的恶习！

很多人还会说："这得花多少钱！"如果我们不付这个代价，就等于把960多万平方千米的大好河山糟蹋成垃圾山留给子孙后代。可见，这不是金钱的问题，而是责任问题。我们能否昧着良心假装看不见？

这部法律涉及每一个人、每一个公司、每一级政府，要求我们每一天都要做一下垃圾分类的工作，这样才能不给后代留下污染，而这正是一个优秀民族所应当有的基本素质。

如果你说："不，我不愿意。""那就请申请一份到月球的护照，永远别回来！"这就是我们的态度，这就是我们的回答。

6.1 固体垃圾处理的实践基础研究

随着经济的高速发展和城市化建设的推进，自然界承受着越来越多的压力，一方面自然资源大肆开采造成资源越来越匮乏，另一方面任意地排污造成垃圾围城的局面。随着垃圾填埋总量的不断增多，越来越多的宝贵土地被用来填埋垃圾，由于垃圾在填埋之前的分类和无害处理程度低，造成土壤污染、地下水污染、空气污染，进而这些污染又相互交叉、反复流动、持久性地污染整个生态环境。正如2018年《全国大、中城市固体废物污染环境防治年报》所指出的，"固体废物管理与大气、水、土壤污染防治密切相关，是整体推进环境保护工作不可或缺的重要一环"。但更为严峻的问题是，埋在地下的垃圾并不会自动消失不见，而是会越积攒越成为一种更深层的痛楚和随时存在的威胁[1]。而且，将来一旦遇到地震、水灾、泥石流等自然灾害，就会把地下的垃圾重新"抖搂"出来，积蓄已久的霉烂恶臭里会多少种细菌、会有多少种进化出来的有害物质？这一切都难以预料，但有一点是确定的，就是这些问题必然是我们后代子子孙孙必须承受得了，既无法回避，也无可选择。

6.1.1 垃圾填埋是青山绿水下的"不定时炸弹"

2018年，"经统计，此次发布信息的大、中城市一般工业固体废物产生量为13.1亿吨，工业危险废物产生量为4010.1万吨，医疗废物产生量为78.1万吨，生活垃圾产量为20194.4万吨"[2]。我国平均每年新竣工的建筑面积达到20亿平方米，接近全球每年新增建筑面积的1/2[3]。如此浩大的建筑工程的后面，是更加浩大的建筑工程垃圾。据统计，建筑垃圾的排放量占城市生活垃圾总量的30%～40%[4]。由于此类建筑工程类垃圾仍混在生活垃圾之内，其化工污染后

① 港媒评深圳滑坡事故：渣土围城十年积患终爆发 [EB/OL].（2015-12-23）[2019-05-03].http://news.163.com/15/1222/11/BBEH2NO500014AEE.html.

② 中华人民共和国生态环境部.《2018年全国大、中城市固体废物污染环境防治年报》[EB/OL].（2019-02-15）[2019-05-03].http：//www.sohu.com/a/295077474-100012795.

③ 杜博.建筑垃圾回收网络体系及模型构建 [D].南京：南京工业大学，2012.

④ 中研网.2016年版中国建筑垃圾处理行业深度调研及发展趋势分析报告 [EB/OL].（2016-12-01）[2019-05-03].http://www.cir.cn/R_Qi Ta Hang Ye/37/Jian Zhu La Ji Chu Li Wei Lai Fa Zhan Qu Shi Yu Ce.html.

果没有统计，其形势更为严峻。就目前而言，填埋是现阶段我国垃圾处理的主要方式，约占全部垃圾处理量的70%。从中国的实际看，这种处理方式看似投资少、处理量大、效果显著，但实际上造成的危害是十分深远、巨大而且无法预测的。因为该技术占用的都是天然土地，一旦旧的垃圾填埋场趋于饱和，就要寻找新的垃圾填埋基地，而选择的地点更加偏向于农业农村用地。同时，由于被填埋的垃圾并没有进行严格的分类处理，混埋的结果必然造成交叉污染和持续污染，使周围整体生态环境大受损害。具体而言，目前我国垃圾填埋会引起如下持续性的连锁效应：

（一）大量填埋垃圾，侵占土地资源

填埋在土壤里的垃圾会产生重金属污染，这些有毒污染物渗透到土壤中，残留在土壤里难以挥发降解，土壤里的微生物被它们杀死，而且会导致土壤的物理成分和化学成分均遭到破坏，土壤成分和结构被强制改变，使土壤盐碱化、毒化，土壤保肥、保水能力大大下降，危害农业生产，严重时会导致土地无法耕种，土壤功能丧失。总而言之，生活垃圾不仅占据了大量土地，还会直接造成土壤污染。宝贵的土地资源本来就是一种不可再生资源，特别是对于我国这样一个人口大国来说，土地资源寸土寸金、宝贵至极，用来填埋垃圾，实在是祸患无穷。

（二）长期污染地下水，影响地表水源

根据生态环境部的调查，有近90%的生活垃圾填埋场所在地的地下水水质污染程度超过国家标准，其中75%的地下水中大肠杆菌超标，最多的超过国家标准8万倍。地下水被污染的主要表现：地下水水质浑浊，有臭味，氨氮、硝酸氮、亚硝酸氮含量高，油、酚污染严重，大肠菌群超标等。生活垃圾被浅层填埋后，由于其本身就含水分，降雨后生活垃圾中流出的高浓度渗滤液流经土壤，流入地表水，造成农村水源污染，有毒化合物渗入地下水后，致使地下水污染，地下水循环周期比较长，循环一次大约需要1400年，如此，必然使我们失去洁净的地下水。

（三）严重污染大气，造成持续雾霾

被填埋在地下的垃圾，在地下恒定的温度下渐渐整体升温，由于填埋垃圾中的有毒物质不断累积，微生物细菌等不断繁殖、变异，这一过程中会产生出许多有强烈毒素的气体，其中含有许多二噁英、酚类等致癌物、致畸物等有害物质，持续不断地向外散发气味，严重污染周围大气环境，浓度一旦超过标准就会形成雾霾。

（四）普遍二次污染，危及陆地生态环境圈

生活垃圾里会繁殖出很多病菌、害虫等，更严重的是其包含了很多致癌病原体、致畸物等有毒有害物质，它们通过各种途径破坏人体各项机能。在土壤中积聚的有毒有害物质被农作物吸收间接进入人体，当人类长期食用这种被污染的农作物，人类的肝脏和神经系统会严重受损或者诱发癌症等严重疾病。因为这种传播途径很难被人们发现，所以都是等身体健康受损以后，才会追问"病因"在哪？而此时人类生命岌岌可危。农村生活垃圾堆放或焚烧时产生的二噁英被世界卫生组织确定为一级致癌物。农村生活垃圾对村民的饮水也构成严重威胁，有关资料显示，中国 88% 的患病人口和 33% 的死亡人口与饮水不洁净有关（见图 6-1）。

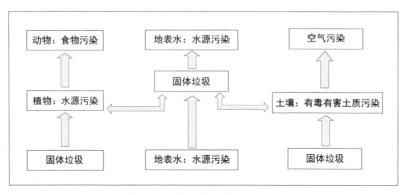

图 6-1 固体垃圾污染交叉扩散

（五）向海洋扩散，危及海洋生态圈

海洋垃圾是指海洋和海岸环境中具持久性的、人造的或经加工的固体废弃物。这些海洋垃圾一部分停留在海滩上，一部分可漂浮在海面或沉入海底。仅在太平洋上的海洋垃圾就已达 300 多万平方千米，甚至超过了印度的国土面积。在太平洋上形成了一个面积有得克萨斯州那么大的以塑料为主的"海洋垃圾带"。海洋垃圾不仅会造成视觉污染，还会造成水体污染，造成水质恶化。海洋中最大的塑料垃圾是废弃的渔网，被渔民们称为"鬼网"。在洋流的作用下，这些渔网绞在一起，成为海洋哺乳动物的"死亡陷阱"，它们每年都会缠住和淹死数千只海豹、海狮和海豚等。其他海洋生物则容易把一些塑料制品误当食物吞下，例如海龟就特别喜欢吃酷似水母的塑料袋；海鸟则偏爱打火机和牙刷，因为它们的形状很像小鱼，可是当它们将这些东西吐出来反哺幼鸟时，弱小的幼鸟往往被噎死。塑料制品在动物体内无法消化和分解，误食后会引起胃部不适、行动异常、生育繁殖能力下降，甚至死亡。海洋生物的死亡最终会导致海洋生态系统被打乱。

6.1.2 原因分析触及历史深处的忧虑

如果更深一步追查固体垃圾填埋危害产生的原因，会发现很多。但其中最关键的有两个方面：一方面是整体制度层面上出现问题，如固体垃圾被遗漏在政策之外，支离破碎的法律之网以及职能部门权责不清、各自为政；另一方面是责任制度没有设计好，责任制度出现漏洞，公民认知和行为层面出现问题，懒惰不负责的后果就是集体买单，散不尽的雾霾是地下"烤垃圾"的味道，填埋垃圾等于积累"环境炸药"。

（一）无知背景下麻木的良知与脆弱的生命

很多人都以为只要垃圾离开我们的视线就不存在了，消灭垃圾有专业的垃圾工人，殊不知垃圾工人已经将这些垃圾尽都埋在地下了，有的地下埋不了，就直接堆在地面以上，甚至再经过美化成为公园也是常事[①]。在垃圾问题上，充分暴露了现代人性的无知、贪婪、懒惰、任性和自欺。

1. 懒惰不负责的后果就是集体买单

首先，从源头上讲，居民和企业是垃圾分类的主体，居民和企业环保意识的强弱直接影响着垃圾分类回收的效果。随地乱丢垃圾的现象很普遍，公民对

---

① 张志顺, 孔令彬. 昔日垃圾山今变生态园 南翠屏公园生态效益显著 [EB/OL]. (2011-01-02) [2019-05-11]. http://news.ifeng.com/gundong/detail_2012_11/01/18733084_0.shtml.

垃圾分类的知识了解的也很少，大家为了图方便，垃圾的丢弃多以混合垃圾为主，垃圾分类在源头上得不到保障。其次，垃圾回收不是一项法定的义务，而是一项选择性的，可以循环使用、也可以不循环使用，当经济上一算账，回收垃圾使用成本高于买新的原料时，循环不循环使用就没有人在乎了。2017 年 3 月 18 日国务院办公厅国办发〔2017〕26 号《生活垃圾分类制度实施方案》第三项这样规定："引导居民自觉开展生活垃圾分类。城市人民政府可结合实际制定居民生活垃圾分类指南，引导居民自觉、科学地开展生活垃圾分类。"这一法案建立在对人性美好的设定之上，忽视了"人性之惰"。而实际上，一项优秀的法律制度要建立在"人性之恶"的基础上，让最坏的人在制度下也不能不守法，从而达到最终的治理目标。法制，是一项倡导自觉但不依赖自觉的制度，对于一项对环境、对未来、对众多的人可能会造成严重影响的制度，把它建基于人的自觉性上是十分危险的。期待自觉，实际上就是梦幻泡影。

垃圾不分类，有机物和无机物混在一起，造成两个方面的恶果：一方面，被用塑料袋包上的有机物，被认为没有利用价值的垃圾，几次运输之后就被埋掉了，而这被埋掉的垃圾不但占用运输成本，而且还成了遗臭万年的垃圾，成为生态环境的威胁。另一方面，无机物被弄脏后，往往失去回收的价值，造成无机物垃圾不能被有效回收，只能埋在地下。

2. 散不尽的雾霾实际上是地下"烤垃圾"的味道

生态环境部公开表示：中国是目前世界上固体废物产生量最大的国家。每年新增固废 100 亿吨左右，历史堆存总量高达 600 亿～700 亿吨。中国固体废物产生强度高但利用不充分，部分城市"垃圾围城"的问题十分突出。我国历年堆存的工业固体废物总量达 600 亿～700 亿吨。每当冬季地下温度高于地上温度的时候，垃圾的味道就从地下填埋的垃圾场散发出来，以至于越来越多的城市深陷于持续性的雾霾影响之下。越来越厉害的、累加的恶性生态效益提醒着我们，这是一个躲不过去的灾难，而且积累越来越多的垃圾意味着正在逼近一个爆发的临界点。

（二）整体制度设计造成的后果

我国目前的垃圾分类法律制度由于没有将垃圾分类回收看作一个完整的生态系统，忽视了垃圾是"放错地方的资源"。由于垃圾处理制度的基本定位在污染防治和末端处理，技术停留在填埋为主、回收为辅的阶段，因而造成垃圾分类投放、收集、清运和处理的各环节缺乏整体性。

1. 固体垃圾被遗漏在政策之外

2015 年 5 月，中共中央、国务院发布了《关于加快推进生态文明建设的意见》，2015 年 9 月，《生态文明体制改革总体方案》出台。早在 2013 年，中共中央、国务院就印发《大气污染防治行动计划》来指导大气治理，2015 年 4 月《水污染防治行动计划》、2016 年 5 月《土壤污染防治行动计划》也相继出台，分别指导水体防污处理和土壤的污染防治，但在上述行动计划纲领当中均没有涉及固体污染物的分类、回收、处理、填埋问题，但垃圾的填埋恰恰是大气、水体、土壤污染的主要根源。

2. 支离破碎的法律成为一个有重大缺陷的制度

有很多部与固体垃圾治理相关的法律、法规、规定、办法，但这些法律规范文件却处于碎片状态，不能处理好垃圾问题。这些法律单独看起来好像没什么问题，但这些法律之间彼此抵触、互相重叠，且有极大漏洞，根本织不成一个完整的法网。

首先，产生垃圾的人口多数在农村，对垃圾进行填埋的土地也是在农村，但没有农村垃圾处理的法律法规。一言以蔽之，垃圾在农村是一个无法之域，这是垃圾处理方面的一个巨大空白。

其次，与固体垃圾直接相关的法律有《环境保护法》《固体废物污染环境防治法》《循环经济促进法》《清洁生产促进法》《城市市容和环境卫生管理条例》《城市生活垃圾管理办法》《城市建筑垃圾管理规定》（建设部令第 139 号）。但正是按照上述法律的规定，垃圾被合法地填埋在宝贵的土地里，而且由于法律巨大的惯性力量——立法的惯性、执法的惯性及守法的惯性，往土地里埋垃圾还会一直合法地进行下去，因为不论是谁，如果擅自关闭了垃圾填埋的场所，反而被追究其法律责任①。

再次，与固体垃圾间接相关的法律有《水污染防治法》《土壤污染防治法》《水土保持法》。但查遍所有条文，这些法律不能解决往地下填埋垃圾的问题，而往地下埋垃圾恰恰是造成水污染、土壤污染的主要原因。这样一边造成污染，一边治理污染，最后环境保护成什么样子，完全取决于往地下填埋垃圾与污染治理之间的总量平衡。从目前的环境状态可以推测，填埋垃圾的速度快于治理的速度。

最后，目前，我国尚缺少一部能够全面指导建筑垃圾源头减量、分类回收、循环利用以及无害化处置等全寿命周期的专门性法律。《城市建筑垃圾管理规定》作为我国一部重要的关于建筑垃圾法律规制的专项立法，其位阶是部门规章，效力层级偏低，作用的发挥有限②。该法第十条明确提出的处理方式是消纳场，我们已经知道消纳场这种简单的处理方式已经不适应当下的经济、资源环境，由此凸显该法的滞后性。第十二条、第十四条与第二十二条等法条对于处置采用的方式均指向于清运、防止污染等行为，并没有提及对建筑垃圾的循环利用，怎么循环利用、由哪个主体承担循环利用的成本、哪个主体进行监督等

①《固体废物污染环境防治法》（2020年修正）第一百一十一条规定：违反本法规定，有下列行为之一，由县级以上地方人民政府环境卫生主管部门责令改正，处以罚款，没收违法所得：（一）随意倾倒、抛撒、堆放或者焚烧生活垃圾的；（二）擅自关闭、闲置或者拆除生活垃圾处理设施、场所的；（三）工程施工单位未编制建筑垃圾处理方案报备案，或者未及时清运施工过程中产生的固体废物的；（四）工程施工单位擅自倾倒、抛撒或者堆放工程施工过程中产生的建筑垃圾，或者未按照规定对施工过程中产生的固体废物进行利用或者处置的；（五）产生、收集厨余垃圾的单位和其他生产经营者未将厨余垃圾交由具备相应资质条件的单位进行无害化处理的；（六）畜禽养殖场、养殖小区利用未经无害化处理的厨余垃圾饲喂畜禽的；（七）在运输过程中沿途丢弃、遗撒生活垃圾的。单位有前款第一项、第七项行为之一，处五万元以上五十万元以下的罚款；单位有前款第二项、第三项、第四项、第五项、第六项行为之一，处十万元以上一百万元以下的罚款；个人有前款第一项、第五项、第七项行为之一，处一百元以上五百元以下的罚款。本法规定，未在指定的地点分类投放生活垃圾的，由县级以上地方人民政府环境卫生主管部门责令改正；情节严重的，对单位处五万元以上五十万元以下的罚款，对个人依法处以罚款。

②范卫国.建筑废弃物资源化管理：域外经验与中国路径[J].当代经济管理，2014（10）：92-97.

一系列问题。

可见，在目前的法律体系之下，固体垃圾问题是一个无解的难题。而且，可以说目前的固体废物总体状况，恰恰说明这些法律法规的负效功能。因此，要想解决固体垃圾问题，必须制定新的法律。

（三）缺乏责任设计造成的后果

1. 职能部门权责不清、各自为政

垃圾的处理工作一直是政府作为一项公共事业在运作的，实行的是市、区、街道三级环卫管理体制。政府既是垃圾的管理主体，又是垃圾处理的投资主体和运营主体。然而面对垃圾处理问题，各部门之间权责混杂、多头管理。承担垃圾处理业务的是政府环卫事业单位。这些单位从属于不同等级、不同区域，容易造成不同利益主体不协调的情况，造成了管理混乱、效率低下，遇到问题又互相推诿、各自为政。例如，在垃圾焚烧处理过程中，会产生污染大气环境的气体，环卫部门说他们只负责垃圾分类处理，不负责环境污染问题，环保部门则说，这是处理垃圾时产生的污染气体，不归我们管。尤其是在京津冀一体化的大环境下，北京、天津、河北三地对于相关问题也是矛盾重重，欠发达的河北地区便成了各种责任的承受者，这无疑阻碍了京津冀一体化进程的推进。

2. 合法地履行"埋环境炸药"的责任

由于我国填埋的垃圾具有地方性、隐蔽性和区域性，因而在全国没有精确的统计数字。这样，就使得垃圾问题被长期忽视和隐藏下去。这种积弊式的隐藏祸患的方式实际上就是在积累迟早要爆炸的炸弹，因为生活垃圾被填埋在地下，经过长时间的腐烂发酵以后会产生大量的沼气等易燃易爆气体，是威胁附近居民生命财产安全的一颗无法预测的不定时炸弹。最为严重的是，一旦发生地壳运动、地震、水灾、渗漏等自然灾害，这些填埋多年的垃圾会被翻腾出来，带着变异出来的霉烂和细菌，将极高程度、持久地危及人民的生存安全[1]。

---

[1] 港媒评深圳滑坡事故：渣土围城十年积患终爆发 [EB/OL].（2015-12-23）[2019-05-03].http://news.163.com/15/1222/11/BBEH2NO500014AEE.html.

6.2 固体垃圾处理制度的理论基础研究

要想建构一套科学有效的固体垃圾处理制度，必须首先建构一套科学有效的理论基础。就如同二进制是所有计算机互联网体系的理论基础一样，固体垃圾处理技术也必须建基于一个稳实的科学理论基础之上。这一科学有效的理论基础必须揭示两个层面的真理：第一，解答与固体垃圾处理相关的客观真理是什么；第二，解决固体垃圾问题的基本原则是什么。第一个层面的真理是客观真理体系，提供了固体垃圾的原始出处、过程标准和终极归宿。第二个层面的真理是主观真理体系，决定了固体垃圾问题的设计路径、解决方法和制度模式。需要强调的是，固体垃圾问题中所关涉的客观真理决定主观真理，同时，主观真理对客观真理有积极、能动的作用。如下，分别阐述之。

6.2.1 统合的客观真理

统合客观真理下的基本原理来源于生态环境伦理。在自然和人类的关系上，我们必须承认大自然所具有的主体性和崇高的地位，具有本源洁净、能量守恒、互相关联等美好的属性。生态环境是一个息息相关的动态体系，土地关联水源，水源关联空气，空气关联植物，植物关联动物，动物关联水源，水源关联土壤。通过多维、多层、多种多样的关联关系，将生态环境的每个细节连接为一个生命整体。这就是一体的生态环境基本原理。

1. 原理一：生态环境是一体的

这一原理向我们揭示了以下几个方面的重要信息：首先，我们生活在地球上要有敬畏的心态，每个时代、每届政府、每个企业都是这个宇宙时空中的一员，对整体的生态环境负有神圣的管理责任；其次，这是一个有着奥秘规律的生态环境，我们只能顺势而为，不可逆规律而行；最后，这是一个有着极其密切联系的整体，伤及一处，可能波及所有。从目前全球固体废物的分布来看，很多发达国家完全违背这一原理，为了保护本国的自然环境，把洋垃圾运到我国，借此转移生态责任。而自从我国禁止洋垃圾进口以来，以美国为首的发达国家纷纷发出指责和抗议，要求中国仍旧重新开放。这是一场国家间的垃圾拉锯战。要想打赢这场战争，我们必须明确提出这一原理并能娴熟运用，要使这一原理成为国家间的共识，成为任何一个文明国家的国家伦理和政府责任，而且成为每一个国家的法律规范原则，指导全体人民加入垃圾回收、源头治理的伟大事业之中（见图6-2）。

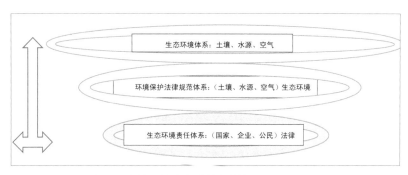

图 6-2 垃圾回收生态法律保护的体系对应关系

2. 原理二：公民、企业、政府、国家的责任是一体的

政府、企业、公民与回收企业是一体的，指的是在政府的介入之下，企业、公民所造成的垃圾与回收企业回收垃圾是同步运行的，企业、公民所造成的垃圾与回收企业回收垃圾是等量回收的，企业、公民所造成的垃圾与回收企业回收垃圾是循环回流的。

环境责任指向一定的主体，是一定主体的责任，不论是什么样的主体，包括生产主体、消费主体，只要有环境产品的使用、消费行为，就对使用的这一部分行为所引起的环境损失承担责任。

政府责任、企业责任和个人责任这三种责任相对而言，主要的责任在政府。不单单是因为政府掌握着社会资源，也不单单因为政府是行使公共权力，而是因为政府是政府责任、环境责任的建构者，处于体系的顶部，政府在环境领域是否有作为、是否有正确的作为，关系到整个体系的科学性、合理性（见图 6-3）。

2013—2014 年 间，加拿大一家公司向菲律宾出口了 103 个集装箱，集装箱外贴有可回收塑料的标签。然而，菲律宾海关表示，他们在检查时发现，集装箱中装有大量电子产品垃圾、厨

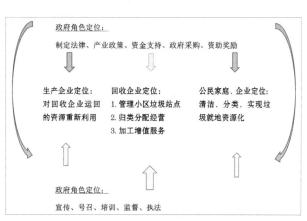

图 6-3 政府、企业、公民与回收企业一体功能定位

房垃圾、塑料袋、脏纸、家庭垃圾和用过的成人尿布等垃圾，并非可回收塑料。菲律宾方面将这些垃圾归类为危险物品。据菲律宾当地媒体报道，2015 年，其中一部分集装箱的垃圾被非法倾倒在了拉加克省的一个垃圾填埋场，但仍有 69 个集装箱的垃圾滞留在港口，不断腐烂并开始散发出恶臭。菲方指责加拿大违反《巴塞尔公约》①，并一再敦促加拿大运回这批垃圾。对此，加拿大迫于压力同

① 《巴塞尔公约》总则规定：本公约缔约国，意识到危险废物和其他废物及其越境转移对人类和环境可能造成的损害，铭记着危险废物和其他废物的产生、其复杂性和越境转移的增长对人类健康和环境所造成的威胁日趋严重，又铭记着保护人类健康和环境免受这类废物的危害的最有效方法是把其产生的数量和（或）潜在危害程度减至最低限度，深信各国采取必要措施，以保证危险废物和其他废物的管理包括其越境转移和处置符合保护人类健康和环境的目的，不论处置场所位于何处，注意到各国应确保产生者必须以符合环境保护的方式在危险废物和其他废物的运输和处置方面履行义务，充分确认任何国家皆有禁止来自外国的危险废物和其他废物进入其领土或在其领土内处置的主权权利，又确认人们日益盼望禁止危险废物的越境转移及其在其他国家特别是在发展中国家的处置，深信危险废物和其他废物尽量在符合对环境无害的有效管理下，在废物产生国的国境内处置，又意识到这类废物从产生国到任何其他国家的越境转移应仅在进行此种转移不致危害人类健康和环境并遵照本公约各项规定的情况下才予以许可，认为加强对危险废物和其他废物越境转移的控制将起到鼓励其无害于环境的处置和减少其越境转移量的作用，深信各国采取措施，适当交流有关危险废物和其他废物来往于那些国家的越境转移的资料并控制此种转移，注意到一些国际和区域协定已处理了危险货物过境方面保护和维护环境的问题，考虑到《联合国人类环境会议宣言》（1972 年，斯德哥尔摩）和联合国环境规划署（环境署）理事会 1987 年 6 月 17 日第 14/30 号决定通过的《关于危险废物环境无害管理的开罗准则和原则》，联合国危险物品运输问题专家委员会的建议（于 1957 年拟定后，每两年订正一次），在联合国系统内通过的有关建议、宣言、文书和条例以及其他国际和区域组织内部所做的工作和研究，铭记着联合国大会第三十七届（1982 年）会议所通过的《世界大自然宪章》的精神、原则、目标和任务乃是保护人类环境和养护自然资源方面的道德准则，申明各国有责任履行其保护人类健康和维护环境的国际义务并按照国际法承担责任，确认在一旦发生对本公约或其任何议定书条款的重大违反事件时，则应适用有关的国际条约法的规定，意识到必须继续发展和实施无害于环境的低废技术、再循环方法、良好的管理制度，以便尽量减少危险废物和其他废物的产生，又意识到国际上日益关注严格控制危险废物和其他废物越境转移的必要性，以及必须尽量把这类转移减少到最低限度，对危险废物越境转移中存在的非法运输问题表示关切，并考虑到发展中国家管理危险废物和其他废物的能力有限，并确认有关必要按照开罗准则和环境署理事会关于促进环境保护技术的转让的第 14/16 号决定的精神，促进特别向发展中国家转让技术，以便对本国产生的危险废物和其他废物进行无害管理，并确认应该按照有关的国际公约和建议从事危险废物和其他废物的运输，并深信危险废物和其他废物的越境转移仅仅在此种废物的运输和最后处置对环境无害的情况下才给予许可，决心采取严格的控制措施来保护人类健康和环境，使其免受危险废物和其他废物的产生和管理可能造成的不利影响。

意回收这些垃圾，还会"自掏腰包"承担清理、运输等费用，然而，加拿大并没有在菲律宾要求的最后期限 5 月 15 日前运走这批集装箱。5 月 16 日，菲律宾外交部长特奥多罗·洛钦宣布召回驻加拿大的高级外交官，并强调："如果加拿大不把留在菲律宾的垃圾集装箱全部运走，菲律宾将召回更多驻加外交官员。"菲律宾总统发言人萨尔瓦多·帕内洛表示："很显然，加拿大没有把这件事和我们国家当回事儿。对加拿大把菲律宾当作垃圾场，菲律宾人民感觉受到了严重侮辱。"2019 年 5 月 22 日，加拿大政府发表声明称，已聘请博洛雷加拿大物流公司尽快将这些垃圾安全运回加拿大。声明称，这些垃圾必须经过安全处理以满足加拿大的安全和健康要求，清理工作将在 6 月底前完成。加拿大环境部长凯瑟琳·麦肯纳表示，加拿大将承担垃圾转移、运输和处置的全部费用[①]。

这场垃圾拉锯战具有典型的代表意义。在越来越多的发达国家和发展中国家之间，类似垃圾的战争会长期存在下去。这既反映了在垃圾处理问题上国家在环境利益方面的伦理规范和实战策略，也反映出垃圾分类、处理和回收的普世意义。

3. 原理三：不同国家、不同民族的命运是一体的

莱茵河流经瑞士、德国、法国、卢森堡、荷兰等 9 个欧洲国家，是沿途好几个国家的饮用水源，是世界上管理得最好的一条河，也是世界上人与河流关系处理得最成功的一条河。然而，莱茵河并不是一直就这样好，曾经也号称"欧洲下水道""欧洲公共厕所"。现在的成功，全因为莱茵河流域各国的有效协调合作。莱茵河由莱茵河保护委员会管理，委员会主席轮流由各成员国的部长担任，但这却是一个民间组织，从来没有制定法律的权力，现在委员会的工作人员仅仅 12 个人。但就是这样一个松散的小组织，却有条不紊地管理着莱茵河。在没有制定法律的权力，也没有惩罚机制、无权对成员国进行惩罚的前提下，12 个人之所以能够管好莱茵河，一是各成员国对污染的认识都很明确，认为流域是指一条河的集水区，一个"流域"就是一个大的生态系统，彼此息息相关。二是个体对环保工作的热爱，很多人自愿加入民间环保组织中来，工作起来自然就热情卖力，不像国内一些环保机构的工作人员，仅仅将环保当作饭

---

① 垃圾战持续多年 杜特尔特不能再忍了：自掏腰包送回加拿大 [EB/OL]. （2019-05-23）[2019-05-28].https://news.sina.cn/2019-05-23/detail-ihvhiqay0873647.d.html.

碗。三是决策会议少，执行会议多。莱茵河保护委员会的最高决策机构为各国部长参加的全体会议，每年召开一次，决定重大问题，各国分工实施，费用各自承担；但是莱茵河上多个分委员会监管和执行讨论的会议，一年要开70多次，基本上是一周一次，执行效率相当高。四是环保羞耻感在成员国之间起到了至关重要的作用，建议、评论和批评很有效果。此外，还有赖于最有创意制度的精心设计和有效实施。莱茵河保护委员会中的观察员机构把自来水、矿泉水公司和食品制造企业等"水敏感企业"都组织了进来，使之成为水质污染的报警员。荷兰的一家葡萄酒厂在取自莱茵河的水中发现了一种从未有过的化学物质，酒厂立刻把情况反映到委员会。委员会下设有分布在各国的8个监测站，迅速检查出来，这种物质是法国一家葡萄园喷洒的农药，它流入了莱茵河。很快，这家葡萄园就赔偿了损失。虽然主席轮流转，但保护委员会的秘书长总是荷兰人。因为荷兰是最下游的国家，在河水污染的问题上，荷兰人最有发言权，最能够站在公正客观的立场上说话。更重要的是，处于最下游的荷兰受"弄脏河水"之害最大，因此，对于治理污染最有责任心和紧迫感[①]。从上面的例子可以看出，无论是哪个国家、哪个民族，从整体的环境资源的视角来看，都是地域相连、空间相通、血脉相承、命运与共的关系，共同构成一个人类文明的命运共同体。

6.2.2 统合思路下的立法原则

（一）生态环境立法的第一原则：依靠立法形成固废处理体系

法律是一门具有高度技术属性的人文社会科学，但是这一学科却与自然科学有着最为密切的时空关联关系。而且，相对于其他社会科学和自然科学的具体学科而言，法律学具有其他学科所不具有的优势：第一，法律技术是一门可以强有力地影响所有人行为的技术，法律可以设定义务，也可以赋予权利，是唯一可以借着合法性判断而追究所有人违法行为责任的技术。正是由于法律统管所有人的行为，可以统合国家整体的发展，法律历来就是治理国家的重器。中国古代的商鞅变法、王安石变法都是以法律为触媒点燃一个时代社会变革的"奇点"。日本、美国、德国等发达国家正是利用法律的强制力设计了垃圾分类

[①] 12人管好莱茵河的启示 [EB/OL].（2005-12-06）[2019-05-27].http://news.sina.com.cn/o/2005-12-06/07367630761s.shtml.

和处置的法律制度体系才达到目前的环境清洁水平①。第二，法律技术也是唯一可以塑造未来的技术，法律可以在各类主体之间建立不同的法律关系，进而可以重新塑造社会关系、改变社会发展的整体模式，可以对未来产生广泛、深远而实质性的影响。相对于固体垃圾的处理而言，法律如果对固体垃圾的分类、处置、回收加以规定，就可以形成一套科学的制度体系，靠着这套制度体系规范人们的行为——倡导垃圾分类、禁止填埋垃圾的行为，禁止污染、清理污染，从而最终完全改变"垃圾围城"的被动局面。

（二）生态环境立法的第二原则：以立法推动固废处理产业

法律技术相对于自然科学而言，是一门最能包容各种先进技术的学科，也是一门可以极大促进其他自然学科发展的学科。特别是对于我国这样一个巨量人口、巨量经济、巨量消费的国家，如果没有一套有智慧、有力量、有效果的法律制度来处理垃圾之患，发展就是一场灾难。在固体废物领域，如果用立法技术规范对垃圾处理技术进行规范，就可以保证大范围地运用先进的技术达到垃圾减量化、资源化和无害化处理。具体而言，在固体废物处理方面，可以运用以下

---

① 美国的固体废物的环境立法起步较早，建立了比较严格、科学的法律体系。1939年，美国的联邦卫生教育福利部就制定了土地填筑物规则。1976年，美国制定了《固体废物处置法》，在1980年制定了《废油回收法》，对危险物质的泄漏尤其是已遗弃的危险废物倾倒场和无主倾倒场的泄漏应由谁负责治理、如何治理和谁承担治理费用等问题，《环境反应、补偿与责任综合法》（又称《超级基金法》），作出了明确的规定。美国除国会立法外，仅联邦环境保护局就制定了上百个关于固体废物、危险废弃物的排放、收集、贮存、运输、处理、处置、回收利用的规定、规划和指南等，形成了一个固体废弃物管理的法规体系。此外，美国在进行专门性废物管理立法时，还注意与其他法律、法令的协调。如美国的《固体废物处置法》中专门规定了该法的适用与其他法规的协调一体化问题，规定了该法与《联邦水污染控制法》《安全饮用水法》《海洋保护、研究、禁猎法》《原子能法》《洁净空气法》《灭虫剂、灭菌剂、灭鼠剂法》等法的关系，便于固体废物污染环境防治的执法与司法。美国为了保证危险废物的管理规定得到遵守，《固体废物处置法》规定了一系列严厉的法律制裁措施。其中主要有：①守法令、罚款和民事诉讼，联邦环保局可以对违法者发布守法令、罚款，也可以对违法者起诉，向法院申请法律救济。②较为严厉的刑事责任，除了惩治固体废物污染环境犯罪的结果犯外，还包括固体废物污染环境犯罪的行为犯。参见徐兴峰. 中美固体废物污染防治法律制度比较研究 [J]. 世界环境，1997（3）：32-34.

五个法律技术推动技术进步：第一，用负面清单禁止落后、淘汰、有害的固体废物的处理方式；第二，用正面清单倡导高效、清洁、有益的固体废物的回收、再利用技术；第三，用行政资助的方式鼓励民间企业积极参与、加入，建构固体废物处理行业政策；第四，用国家投资、国家持股、国家收购的方式形成一个健康的、有丰厚回报的固体废物产业链；第五，将垃圾清洁、分类的责任以法律的形式落实个人、家庭、企业，将每一个人的劳动都纳入进来。

（三）生态环境立法的第三原则：运用生态法律智慧

生态环境立法的目标是使人类活动最低程度地改变或者损害自然景观，是一个为人类自身立法的过程。可见，立法的标准是由大自然给定的，这是一个不可触碰的红线。大自然井然有序，人类探索自然、利用自然也必须井然有序。大自然是从无机物到有机物、从植物到动物再到人的顺序产生。无机物的山石矿产，性质稳定，亿年守恒；有机物的花草树木，岁岁枯荣，生生不息。因此，固体废物的基本分类就是有机物固体废物与无机固体废物，这样各从其类，有机物固体废物进行处理后还原到土壤里、江海里用作再次生长有机物的原料和材质，无机物固体废物经过处理后循环利用，不能还原到自然状态里，二者不能互相混杂。就有机物而言，世界的生物各从其类，按照界、门、纲、目、科、属、种的级别和界别分类。因此，有机固体废物也要按照科学分类的原则进行处理。就无机物而言，都是人类运用物理化学手段进行提取加工而成，其分子构成各不相同，因此无机物固体废物应当按照材质的类型进行同类存放、同类回收、同类处理。简言之，生态的立法思想是各从其类，各归其本；源头治理，终端还原；循环利用，总量均衡（见表6-1）。

表6-1 固体垃圾分类

分类	有机固体废物		无机固体废物		有毒固体废物		建筑类垃圾	
标准描述	原料为自然生长的		用物理化学方法进行矿物提炼物组装		有危害的化工废弃物		建筑工程类的材料	
类型细分	纸类 食品 果壳	动物类 棉织类 皮革类	塑料类 电器类 电池类 玻璃类 化纤类	罐装类 橡胶类 金属类 五金类 陶瓷类	农药类 医药类	化工类	砖石类 瓷砖类 板材类 金属类	涂料类 油漆类 材料类
分类原因	有机物构成		无机物构成		有毒有害物质		混合综合物质	
回收途径	还原土壤转化		拆解还原利用		热解化解焚烧		回收循环利用	

6.3 固体垃圾处理制度的设计思路研究

要解决迫在眉睫的固体垃圾处理问题，必须进行大胆的制度创新。由于固体垃圾问题是一个涉及多个领域、多种制度、多种体系的复杂问题，因此，我们也必须像设计一个复杂建筑一样，从顶层设计切入，在不同维度下采取不同的视角进行设计。传统上，我们的固体垃圾处理制度由多个主体、多个层级制定的制度构成，在横向法律层级的制度规范里，有诸如《固体废物污染环境防治法》等专业的法律性规范文件，同时，与固体垃圾处理相关的还有一些环境保护方面的基本法律，如《环境保护法》《大气污染防治法》《水污染防治法》《土壤污染防治法》《水土保持法》等。在纵向上，各个省市都有各个地方的法规条例，如 2019 年 1 月 31 日上海市第十五届人民代表大会第二次会议通过的《上海市生活垃圾管理条例》。在法律规范体系方面，还有一些由中央国家机关制定的关于垃圾处理的政策与方案，如 2017 年 3 月 18 日国务院转发的国家发展改革委、住房和城乡建设部制定的《生活垃圾分类制度实施方案》。通过分析可以看出，传统上，这种纵横交织的制度与我国垃圾处理的非科学性、片段性、局部性有着密切关联，可以说，垃圾制度决定了现实垃圾的状态结果。质言之，现实的垃圾状态说明垃圾制度的重大缺陷和严重弊端。为此，需要制定一套全新的制度体系。

因此，我们采用一种新的设计思路，即"多叠套嵌、一次成型"设计思路。所谓"多叠"，指的是将多个维度、多个层次、多个视角、多个领域的需求叠合在一起进行考量的设计思想。"套嵌"设计指的是整体的各个部分的设计统合搭配、互相支持、正向友好关联。"一次成型"设计指的是完全的、同时的设计，包括被设计客体的各个层次、各种主体、各种责任。就如同宇宙一样，有实体的星球及星球上的事物、虚体的空间以及星球在空间里运行的规律，这三者是一次设计、同时成形、同体运转的，整个宇宙浑然一体、奇妙无比。

6.3.1 固体垃圾处理发展目标设计

生态文明是人类文明的一种新形态，这种文明形态以尊重和保护自然为前提，以人与人、人与自然、人与社会和谐共生为宗旨，以建立可持续的生产方式和生活方式为内涵，致力引导人们走持续、和谐发展的道路。生态文明建设被首次列入宪法修改建议，其意义在于我国法律制度的不断完善，标志着国家已将生态文明建设上升为法治的高度，真正实现生态文明建设有法可依、有法可循，为努力建设美丽中国、实现中华民族永续发展、走向社会主义生态文明新时代提供了制度上的保障，指明了前进方向。

在 2018 年 2 月 25 日发布的《中共中央关于修改宪法部分内容的建议》中，提出将"推动物质文明、政治文明和精神文明协调发展，把我国建设成为富强、民主、文明的社会主义国家"修改为"推动物质文明、政治文明、精神文明、社会文明、生态文明协调发展，把我国建设成为富强民主文明和谐美丽的社会主义现代化强国，实现中华民族伟大复兴"。

《宪法》第八十九条"国务院行使下列职权"中第六项"（六）领导和管理经济工作和城乡建设"修改为"（六）领导和管理经济工作和城乡建设、生态文明建设"，第八项"（八）领导和管理民政、公安、司法行政和监察等工作"修改为"（八）领导和管理民政、公安、司法行政等工作"。

此次宪法修改建议，首次提出"生态文明"，明确"把我国建设成为富强民主文明和谐美丽的社会主义现代化强国"，并指出国务院行使"生态文明建设"的职权，使生态文明建设上升为国家意志，推进法律生态化。

宪法作为我国的根本大法，作为我国法律体系的重要组成部分，自然应当反映我国社会对生态环境保护的要求，即如何促进人与自然和谐相处成为摆在国家面前的一道障碍，跨过该障碍，对于中国实现可持续发展具有重要的意义。因此，宪法需要随着时代的发展而发展，在生态文明这一社会重要领域加以指引和规定。

6.3.2 固体垃圾处理法治化发展路径设计

法治化发展路径指从现实到理想目标的道路与过程设计。党的十八届四中全会决定中写道："用严格的法律制度保护生态环境，加快建立有效约束开发行为和促进绿色发展、循环发展、低碳发展的生态文明法律制度，强化生产者环境保护的法律责任，大幅度提高违法成本。建立健全自然资源产权法律制度，完善国土空间开发保护方面的法律制度，制定完善生态补偿和土壤、水、大气污染防治及海洋生态环境保护等法律法规，促进生态文明建设。"

该决定指出了建设生态文明的具体路径，即通过法律制度来保护生态环境。建构一套合一的固体垃圾法律规范体系，需要在三个层面上进行：一是理念层面，二是制度结构层面，三是规范程序层面。

（一）理念的统一

法律规范体系的合一是解决法律规范碎片化的唯一出路。因为生态环境是一体的，所以法律规范体系也必须是一体的。生态环境各个环节是关联互动的，所以法律规范体系也必须是联系互补的。

中共中央、国务院印发《生态文明体制改革总体方案》。按照党中央、国务院的决策部署，坚持节约资源和保护环境基本国策，坚持节约优先、保护优先、自然恢复为主的方针，立足我国社会主义初级阶段的基本国情和新的阶段性特征，以建设美丽中国为目标，以正确处理人与自然关系为核心，以解决生态环境领域突出问题为导向，保障国家生态安全，改善环境质量，提高资源利用效率，推动形成人与自然和谐发展的现代化建设新格局。

（二）体系的统一

建构固体垃圾一体化的制度体系，以法律规范为制度架构的统一模式，统一全国各地方的垃圾处理法规则，通过固体垃圾排放这样一个根源问题，一揽子解决土壤、水源、空气等不同领域的生态保护问题。在形成法律体系的同时，打造生态产业体系，形成固体垃圾回收的产业链，建立智能化的固体垃圾回收渠道，建构以大数据为基础的现代化管理网络平台，收到全国上下一盘棋、城乡一体化、产业规模化、效益常态化的理想效果。

（三）规范的统一

统一法律制度规范体系。依据《宪法》《环境保护法》《大气污染防治法》《水污染防治法》《土壤污染防治法》《水土保持法》之规定，由全国人民代表大会常务委员会制定新的固体垃圾处理回收的法律制度。同时，废除现在的《固体废物污染环境防治法》《城市市容和环境卫生管理条例》《城市生活垃圾管理办法》等与新的制度相冲突的法律规范。

（四）执行的统一

法贵在执行。在制定一部新的固体垃圾法律规范之后，需要各级执法部门，按照新制定的法律规范，全面规划、上下连动，严格坚持垃圾分类、减量控制、杜绝填埋、科技导向及全民参与才能从根本上解决问题。

6.3.3 固体垃圾处理价值理念设计

价值理念是一个系统的核心命令控制体系。这一核心控制体系实际上是这个核心控制体系的命令系统，不但要有确定的价值内容，还要有确定的价值序列。对于固体垃圾处理而言，有如下几个具体的制度设计理念：（1）禁止污染、消除遗患的环境治理理念。（2）源头分类、资源转化的科学发展理念。（3）减量控制、循环利用的绿色生态理念。（4）各居其位、各守其职的责任驱动理念。（5）政府推动、全民参与的社会协同理念。

6.3.4 固体垃圾处理创新处理模式设计

固体垃圾处理的处理模式是"一法双域""一法双责""一法三能""一法三效"模式。（1）所谓"一法双域"，指的是城市和农村共同适用同一部《固体垃圾处理法》，城市和农村两个区域形成良性循环，农产品垃圾与工业垃圾正向流动。转变传统的农村与城市之间的对立关系，以及城市垃圾往农村埋、农村污染的农产品往城里卖的"互坑"模式。（2）所谓"一法双责"，指的是公民、企业和国家各自承担责任。由于公民、企业是固体垃圾的产生者，因此承担垃圾清洁、分类、交费责任，而国家是制度的提供者，因此国家承担法律政策的制定与实施、产业的组织与规划责任。改变传统的垃圾自由泛滥模式。这样，国家与个人两个责任主体责任到位、互相监督。（3）所谓"一法三能"模式，指的是在同一部《固体垃圾处理法》中，达到"减量化（Reduce）""资源化（Recycle）""再利用（Reuse）"同时完成的效果，转变传统的"减量化"靠道德舆论、"资源化"靠法律规则、"再利用"靠市场规则的标准分裂模式。（4）所谓"一法三效"，指的是通过制定一部《固体垃圾处理法》，达到控制土壤、水源、空气污染，保证土壤、水源、空气洁净的效果。即以"一法保'三洁'""一法治'三污'"的创新模式，转变传统的治理土壤污染靠《土壤污染防治法》、治理水污染靠《水污染防治法》、治理空气污染靠《大气污染防治法》

的"多法而无效"模式。

6.3.5 固体垃圾处理的国家优先保障发展策略设计

发展策略指发展模式之下的国家整体战略、规划、计划、步骤、安排。对于固体垃圾的发展战略，具体而言主要包括如下几个方面：（1）国家制定固体垃圾处理产业发展的整体规划。（2）国家制定固体垃圾处理产业的领域空间布局。（3）固体垃圾规划所需资金由国家财政优先保障。（4）促进企业、大学、基地多角联合，开发固体垃圾多维分层利用。（5）国家制定固体垃圾产业工人待遇，提高相关产业员工福利。

6.3.6 固体垃圾处理发展的全盘规划设计

固体垃圾处理的发展规划指在中国整体布局之中、世界背景之下，固体垃圾处理的未来发展蓝图。特别强调的是：（1）这一全盘规划首先必须是在国家层面的设计，以国家的能力来推进地方的规划；（2）地方的规划并不单单是一项法律制度的规划，而是包括全面的社会发展规划，换言之，固体垃圾的发展规划涉及诸多的具体规划，包括时间进程规划、空间分布规划、区域治理规划、产业配套规划、制度建设规划、政策制定规划、项目实施规划、技术开发规划、实施推进规划等不同内容的专项规划。

6.3.7 固体垃圾处理全向度法律制度和法律规范设计

固体垃圾处理的全向度法律制度和法律规范，是因生态环境整体的洁净性、和谐性、统一性是法律所要保障的对象所具有的一体性，所以法律规范也必须进行一体化的保障。具体来说，固体垃圾法律制度和法律规范的一体性包括如下几个方面：（1）从法律制度和法律规范所调整的对象而言，生态环境的整体必须受到全面的保护，不得有遗漏，空气、水源、土壤、植被、动物都是法律保护的对象；（2）没有人类干预下的自然是天常蓝、水常清的状态，因此，生态环境的自然状态就是法律制度和法律规范所要达到的终极目标和具体要求[①]；（3）由于生态环境内容丰富、错落有致、毫无污染，对环境资源的利用要遵循

---

① 例如水源，在人类进入工业文明之前，地球上所有地方的水源都是一级水源，而目前很多地方的水源只能达到四级、五级甚至更低。

客观规律，不能造成危害。因而，法律制度和法律规范要以客观真理为基础（见图6-4）。

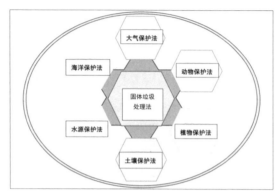

图 6-4 固体垃圾处理的全向度法律关联

6.3.8 固体垃圾处理的主体及其生态环境责任体系设计

与生态环境是一体的、法律制度规范是一体的相对应，生态环境责任也必须是一体的。责任制度是法律制度的核心，没有设计良好的责任制度，法律的功能就不能有效实施。对于固体垃圾的处理而言，生态环境责任体系是生态环境建设的核心。

笔者认为，责任是指这样一个完整的制度体系，即为责任主体实现一定的管理目标，在法律规定的相应职权范围内，针对不同的责任相对方主体，依据法律和政策所规定责任内容实施既定的法律行为，并依据不同的归责原则、行政程序而承担不同形式的责任后果的制度体系。这一概念指明责任是由责任赋予、责任履行、责任追究和责任评估四个子制度构成的，并通过责任的设定、实施、监督、评价四个阶段依次顺序实现，包括主体要素、行为要素、结构要素和程序要素四种不同的逻辑要素，这一概念主要指涉责任主体所承担的伦理责任、政治责任、行政责任、法律责任四种不同的责任内容①。生态环境责任指

---

① 据此，政府责任应包括如下几个主要方面的内容：（1）政府责任分布于四个主要阶段；（2）政府责任由四种主要机制组成；（3）政府责任包括四类逻辑要素；（4）政府责任指涉四项主要内容。政府责任的概念具有多重内涵，其中包括了在不同的责任阶段的不同的责任机制、责任要素及责任内容。从政府责任的概念可以看出，政府责任是一个颇为复杂的体系，因而不应当只将其中的一个部分或几个部分作为政府责任的整体。

的是政府、企业、公民个人对于整体生态环境所承担的个体法律责任，一方面，这三方主体共同承担整体的生态环境责任；另一方面，这三方主体各自承担自己的生态环境责任。具体而言，政府的责任在于制定固体垃圾处理的法律制度体系，参与、执行和监督法律规范体系，而企业和公民的责任则在于在自己的生产、生活领域负责固体垃圾的分类、回收、处理（见图 6-5）。

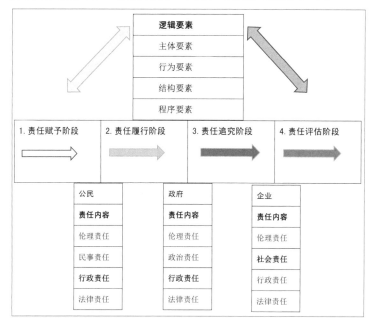

图 6-5　固体垃圾处理的全向度法律关联

6.3.9　固体垃圾处理的执行机制设计

执行机制指各个部分如何执行发展方案的机制，就如同一个人有了目标要一步一步实施一样，对固体垃圾进行处理，需要一个特别的执行机制，能够推动、实施这一庞大的宏伟目标。为此，笔者及所在团队起草了《固体垃圾分类处理法》，这一法案有以下几个亮点。

固体垃圾处理的执行机制包括固体垃圾源头治理、固体垃圾过程处理、固体垃圾终端还原三个机制。在执法中注意如下几个要点：（1）立法启动。采用立法引导现实制度的思路，以法律制度给生活垃圾的处理建构良好的制度框架。如《上海市生活垃圾管理条例》已由上海市第十五届人民代表大会第二次会议于 2019 年 1 月 31 日通过，自 2019 年 7 月 1 日起施行。（2）普法教育。在实施新的垃圾分类之前，广泛宣传教育，动员广大市民全民参与到垃圾分类和垃圾处理的整个过程中。（3）单元执法。按照垃圾处理的阶段和区域，对固体垃圾的处理进行单元划分，"分类、收运、分类、处置"。（4）全面监督。实施全过程监督，积极稳妥地推行全过程监督机制，完善垃圾分类全程监管信息系统，集中组织专项执法行动，逐步形成常态化执法机制。

6.3.10 固体垃圾处理的实施步骤设计

实施步骤指在时间维度上推动目标或计划的实现。现实过渡到未来，从试点城市到所有城市、从城市到农村并不是一个轻松的过程。笔者认为如下的几个步骤是不可忽略的：（1）2019—2020 年，先立法，解决模式、规范、标准等制度问题，将固体垃圾废物的处理纳入法治轨道。（2）2019—2021 年，设计出固体垃圾处理的整体规划、垃圾回收处理的产业规划。（3）2021 年以后，各级政府准备财政预算，设立相关关键环节企业。（4）2021 年以后，建立地方政府环境信息公开平台。（5）2021 年以后，作好宣传和培训，引导公民和企业学习垃圾分类知识。（6）2021 年以后，固体垃圾分类设备、企业分级到位。（7）2021 年以后，正式启动垃圾分类实施程序。

6.4 固体垃圾处理的法律机制研究

现有的固体垃圾处理法律制度是造成雾霾的直接原因。一方面，有机的固体垃圾被放在无机的固体垃圾里，在地下不断地蒸烤；另一方面，更多的垃圾被人们毫无节制地制造出来，更高档的生活模式产生了更多的垃圾。每个城市巨量的垃圾形成一层层的巨浪，无情地吞食着不可再生的土地。显而易见的是，我们的垃圾总量正在不断地逼近一个临界点。

在雾霾迷漫、垃圾围城的时代挑战之下，需要我们建构一个可以整体性地处理固体垃圾的法律制度体系。从前述的内容分析可以看出，目前的垃圾法律制度，有的需要被调整、修改，有的需要被废除和终止，我们需要运用科学的立法技术和处理技术才能摆脱这样的困境。为此，我们提出如下的制度设计。

我们深信，我们所设计的固体垃圾的整体性处理法律制度将深远影响我国环境产业的模式，不但确立一个新兴的、与现有产业可以进行配套的、有国家财政保障的产业，还将改变企业运营的生产模式，企业将形成"一法双域""一法双责""一法三能""一法三效"的模式。最为重要的是，这一法律制度还将彻底改变每个家庭、每个公民的生活，洁净、节俭、勤劳、智慧的生活模式将成为我国每个人的生活模式，真正使我国的城市和乡村焕然一新，实现"美丽中国"的伟大梦想。

6.4.1 确立新的垃圾处理统一规范机制

目前的垃圾混弃的事实反映出当代国人的懒惰、无知与放纵、任性的消费观念。在垃圾丢弃的第一个环节，就造成有机固体垃圾不能还原、无机固体垃圾不能回收，只能填埋、只能恶化的结局。因此，建立新的垃圾处理法律制度必须从第一个环节开始改变。

（一）规范之一：有机垃圾与无机垃圾分开使垃圾变废为宝

有机垃圾与无机垃圾属于性质不能混淆的两类垃圾，必须分开处理，有机垃圾可以还原到土地里，无机垃圾可以重复利用。这样从理论上讲就可以不必占用土地来填埋垃圾，这样也就不会产生水污染、空气污染的系列恶果。有机垃圾与无机垃圾分开是杜绝垃圾填埋的关键。

（二）规范之二：有机物成为资源而不是废弃物

有机物垃圾回收最短的流程设计是发酵干燥还原、粉碎干燥还原，由绿化公司、园林公司承担此项转化。此外，值得注意的还有蟑螂生物还原法，现在已经有企业养殖吃垃圾能力很强的蟑螂来帮助转化厨余垃圾，这种生物治理措施成效十分显著。

（三）规范之三：无机固体垃圾可以循环利用

大件、专业的无机固体垃圾由专业垃圾处理公司进行处理。小件、非专业的无机固体垃圾由丢弃者按照规定拆解分类。

（四）规范之四：即使是垃圾也需要保持清洁

保持洁净是使垃圾升值的最直观、最有效的办法。清洁是每个人的责任，肮脏的垃圾必须被清理干净，否则不允许丢弃，如果乱扔污秽垃圾，会被监督重新做清洁，而且还会被罚款。

（五）规范之五：垃圾分类是每个公民的基本责任

作为"美丽中国"的国民，要有物尽其用、妥善回收的智慧，操练节制清洁、勤劳节俭的品性。每件要丢弃的垃圾必须被分成不同的垃圾类别，不同的垃圾类别不可混放。在这个最初的环节，需要每个公民、企业的耐心、细心、爱心、公益心、责任心。因此，要牢牢把握这个关键环节，尽最大努力为下一个处理的环节降低人力成本和社会成本。

（六）规范之六：建立公平的污染者付费责任机制

谁污染、谁治理。这一制度的目的在于控制源头污染，使污染者自己承担破坏环境的责任。

谁抛弃、谁分类。这一制度的目的是在垃圾处理的源头进行控制，确立垃圾分类的责任主体，使其承担日常的分类责任。

谁受益、谁付费。消费、使用物品而受益就要支付相应的费用，按照这一条基本的市场规则，固体垃圾处理理应是一个赚钱的产业。

（七）规范之七：建立长效的生产者回收责任机制

生产企业既是垃圾产生的原点，是资源回收的终点，也是取得市场利润的中间点。因此，对于这个关键的中间点必须充分重视、充分应用、重新设计。由此，生产者在生产过程中需要优先采取绿色原料，尽量简化包装，并在包装上指明回收路径和回收注意事项。

6.4.2 建造完整的环境生态产业链条机制

由于现代工业的复杂性，各类不同的产品是在不同类型加工手段下对不同类型的原料进行加工而形成的，因此必须保障在对原生产工艺、流程充分了解的前提下进行回收，并且回收的垃圾在处理完成之后还要再次使用。

（一）最短的流程设计保证高效回收

最短流程设计指的是垃圾的处理回流必须在最短时间、最短距离、通过最短程序使垃圾成为可再利用的资源（见图6-6）。

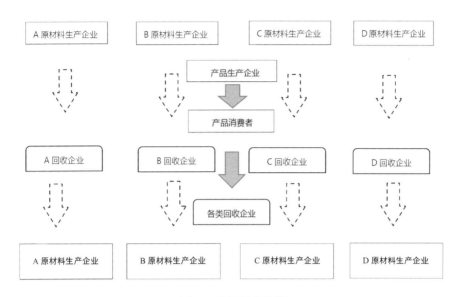

图 6-6　垃圾回收流程

（二）垃圾处理产业费用利益新增值体系

垃圾处理产业费用利益新增值体系指的是垃圾回收企业的合法利益受法律保护，确保垃圾处理、垃圾回收是一个良性运转的行业。不但国家财政保障，而且还有企业保障及消费者资费体系的保障，把真金白银用在挽救生态环境的企业上、用在环境工人身上是一项明智的选择。环境企业的高效运作、环境工人的高度责任心，是绿水青山和蓝天白云的实际保障（见图6-7）。

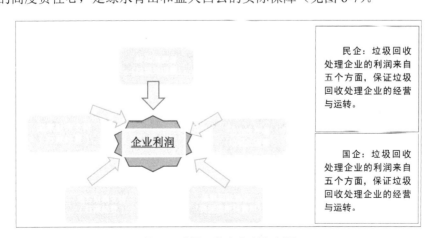

图 6-7　垃圾回收企业利润来源

（三）建设分类垃圾回收处理企业

按照等量原理，企业生产排出多少垃圾，回收企业就负责回收处理多少垃圾，回收企业全方位、无遗漏、全过程地配合生产企业，保证垃圾的资源化循环利用。企业的垃圾回收计划是环境评价的重要组成部分（见图6-8）。

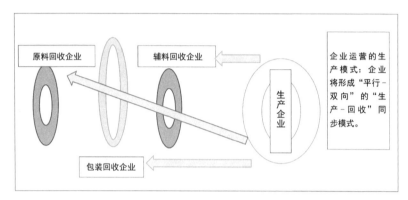

图 6-8 垃圾分类处理循环利用

6.4.3 建构科学可行的垃圾分类机制

垃圾的分类是垃圾处理的起点，也是垃圾是否成功处理的关键。垃圾的分类必须按照其原材料的类型、质地、形状进行精细分类。按照垃圾的性质，先对垃圾进行科学分类，再根据垃圾不同的性质，采取不同的垃圾处理手段，按照不同的处理方式，建立科学化的回收处理体系（见表6-2）。

（一）有机固体垃圾分类

表 6-2 有机固体垃圾分类回收表

有机固体垃圾分类	回收处理方法	回收主体
书籍杂志	循环利用：粉碎、再造	造纸公司回收
干燥食品	资源利用：粉碎、发酵	饲料公司回收
含水食品	资源利用：风干、粉碎、还原土壤	生态资源公司回收
蔬菜果皮	资源利用：发酵、还原土壤	生态资源公司回收
硬果壳	资源利用：粉碎、还原土壤	园林绿化公司回收
剩饭菜	资源利用：发酵、还原土壤	园林绿化公司回收
植物落叶	资源利用：粉碎还原	园林绿化公司回收
动物尸体	资源利用：掩埋还原土壤	园林绿化公司回收
蛋类外壳	资源利用：粉碎、还原土壤	园林绿化公司回收

（续表）

有机固体垃圾分类	回收处理方法	回收主体
动物甲壳	资源利用：粉碎、还原土壤	园林绿化公司回收
动物内脏	资源利用：发酵、还原土壤	园林绿化公司回收
棉衣织物	资源利用：粉碎、还原土壤	园林绿化公司回收
卫生纸	特别处理	园林绿化公司回收
卫生巾、尿不湿	特别处理	园林绿化公司回收
人、动物毛发	特别处理	园林绿化公司回收
裘皮皮革鞋	资源利用：粉碎、还原土壤	园林绿化公司回收
纯棉衣物巾帽	资源利用：粉碎、还原土壤	园林绿化公司回收

1. 酵素分解－升级还原模式

在家中可以预备发酵桶、破壁机，在小区中也可以预备相应设施，使有机物垃圾就地转化为生物化肥，就近还原到土壤当中。

2. 干燥粉碎－无害还原模式

在家中可以预备粉碎机、破壁机，在小区中也可以预备相应设施，使有机物垃圾就地转化为生物化肥，就近还原到土壤当中。

（二）无机固体垃圾分类

表 6-3　无机固体垃圾分类回收

无机固体垃圾分类	回收处理方法	回收主体
家用电器类	资源利用：拆解利用	家电回收公司
家用厨具类	资源利用：拆解利用	厨具回收公司
家居家具类	资源利用：拆解利用	家具回收公司
电池类	资源利用：拆解利用	电池类回收公司
塑料类	资源利用：回收利用	塑料回收公司
包装类	资源利用：回收利用	包装类回收公司
纸包装	资源利用：粉碎利用	纸类回收公司
玻璃类	资源利用：粉碎利用	玻璃类回收公司
家居纺织类	资源利用：粉碎利用	家居纺织回收公司
罐装类	资源利用：回收利用	专业回收公司
橡胶类	资源利用：回收利用	园林绿化公司
金属类	资源利用：回收利用	园林绿化公司
五金工具类	资源利用：粉碎利用	专业回收公司
陶瓷建筑类	资源利用：粉碎利用	专业回收公司
沙石砖头类	资源利用：粉碎利用	专业回收公司
沙土类	资源利用：回收利用	专业回收公司
粉末类	资源利用：回收利用	专业回收公司

1. 塑料类包装

由于塑料类垃圾对环境的污染程度大、持续时间长，对植物和动物的生长造成威胁，因此必须单独回收，而且全部回收、分类回收（见图6-9）。

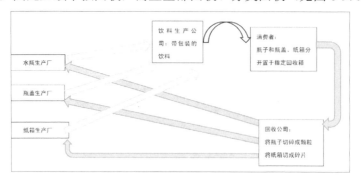

图 6-9 塑料水瓶类包装物

2. 机电产品类

机电类产品必须全部回收，由制造公司委托的回收公司进行专业回收，对机电类垃圾在进行拆解之后，按照无机垃圾的分类进行全面回收（见图6-10）。

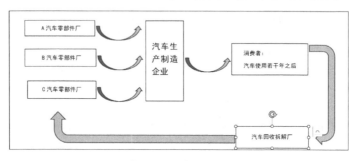

图 6-10 汽车类回收

（三）有毒化工类垃圾分类

1. 有毒类垃圾分类

表 6-4 有毒固体垃圾分类回收表

有毒固体垃圾分类	回收处理方法	回收主体
A. 农业化肥类	A. 类科学回收方法	A.1-3
B. 工业化工原料类	B. 类科学回收方法	B.1-3
C. 生活化工产品类	C. 类科学回收方法	C.1-3
D. 涂料染料类	D. 类科学回收方法	D.1-3
E. 医疗药品类垃圾	E. 类科学回收方法	E.1-3
F. 其他有毒垃圾	F. 类科学回收方法	F.1-3

2. 有毒化工类垃圾处理流程

有毒化工类垃圾处理，由专业化工回收公司进行分类回收，同时对化工类垃圾的包装也进行分类回收（见图 6-11）。

图 6-11　有毒化工垃圾处理回收

（四）建筑类垃圾分类

1. 建筑类垃圾分类

表 6-5　建筑类垃圾分类

建筑类垃圾分类	回收处理方法	回收主体
A. 砖石混凝土类	A. 类科学回收方法	A.1-3
B. 瓷砖壁砖类	B. 类科学回收方法	B.1-3
C. 涂料油漆类	C. 类科学回收方法	C.1-3
D. 木质板材类	D. 类科学回收方法	D.1-3
E. 化纤材料类	E. 类科学回收方法	E.1-3
F. 金属材料类	F. 类科学回收方法	F.1-3

2. 建筑类垃圾处理流程

建筑类垃圾处理，由各类专业的建筑承包商进行分类回收，回收之前先将尚有利用价值的建筑材料先行利用的（见图 6-12）。

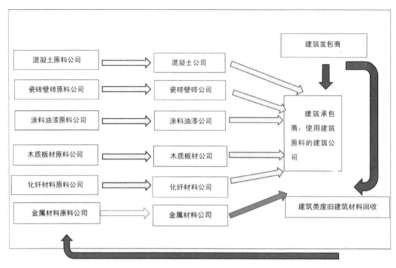

图 6-12 建筑类垃圾回收

6.4.4 固体垃圾分级智能化动态回收机制

智能化的、动态的垃圾回收设备指的是专为垃圾的清洗、回收、处理而设计制造的专业机械，这将是一个长期的、稳定的、维护配套性的环境产业。

（一）垃圾箱、发酵箱给家庭配套

每个家庭配备分类垃圾箱，对垃圾进行清洁和分类处理，整理好按时放置在各家门口或住房门口。

（二）粉碎机、干燥机给小区配套

运用生物发酵原理，在居民小区设立发酵设施、干燥设施和破碎设施，使有机物垃圾迅速、就地转化为生物化肥，就近还原到土壤当中。

（三）清洁机、分解机给回收企业配套

在城区设立无机垃圾清洗、拆分企业，将原料进行还原处理，由回收企业销售给生产企业，进行循环利用。

（四）智能动态管理平台

建立固体垃圾智能管理平台，建立各类固体垃圾数据库，动态分配固体垃圾、处置设备和时间、空间、地域分布，人员安排。

6.4.5 建立垃圾回收产业高额利润保障机制

充分动用国家财政杠杆和民间投资政策，是保障垃圾回收产业高额利润的必由之路。由国家保障垃圾回收产业的高额利润有以下必要性：

（一）高额利润才能吸引丰富的民间投资

民间投资总是投向利润高的行业。就目前我国的垃圾处理行业、企业和人员的整体情形来看，显然是低产能、低收入、低保障、高风险行业，是一个没有吸引力、不能持续的行业。因此，垃圾不能有效处理，导致填埋占用土地，水资源、土地资源、空气资源均不断恶化。

（二）高额利润才能保障技术的不断更新

显然，垃圾处理技术的更新需要资金的储备。如果技术不能跟上，只能走回填垃圾的老路。

（三）高额利润才能保障人才的稳定

目前垃圾处理工，并不是一个受人尊敬的职业，也不是一个让人羡慕的职业。要想发展成为一个"守卫"绿水青山的行业，必须留住人才，大批引进高端优秀人才，提供高薪待遇。

6.4.6 建立公平合理的固体垃圾处理收费机制

政府建立公平合理的收费体系，一方面，使垃圾回收和处理成为一个有利可图的产业，可以不断维持和更新；另一方面，也可以有效控制垃圾排放的总量，对全社会的垃圾总量进行有效控制。

（一）垃圾处理既是政府的责任，也是公民的责任

政府鼓励建立民间环境公益组织，按照其专业领域，对环境生态安全、生态保障提供有价值的咨询意见。政府有责任按期听取其建议，对有价值的建议公开并进行奖励，对不采纳的建议进行说明。

（二）垃圾处理收费可以使垃圾处理行业有效地运行

政府鼓励建立民间环境公益组织，对环境安全、环境事件展开调查，监督环境建设，监督企业垃圾分类处理，帮助、指导和监督家庭垃圾分类处理。

（三）垃圾处理费用是保持清洁无废的秘诀

德国的垃圾处理收费制度包括两个层次：一是对居民，二是对企业。对于

居民收费，一般是按照固定的垃圾处理税按户收取，也有按垃圾排放量来收取的模式。而且对于未分类的垃圾投放采取"连坐式"的惩罚措施。而向生产者征收垃圾处置费更多地反映了"污染者付费"的原则，要求生产商对其产品的全部周期负责，可以约束生产商减少使用过多的原材料，促进生产技术的创新。而对于那些使用了对环境有害的材料以及消耗了不可再生资源的生产商，则采取征收生态税的方式，促使生产商采用先进的工艺和技术，达到改进产业模式的目的①。

6.4.7 建立多种层次的旧货市场机制

延长家具、衣物的使用寿命，是推迟垃圾生成的有效办法。共享制可以从总量上减少每个人的财物持有量，间接起到减少垃圾的作用。此外，增加事物的人文价值，使其具有延伸的附加值，是一种更为高明的垃圾减量手段。

（一）有修理功能的旧货市场

旧的家具、电器、衣服往往只是部分破损或者部分零件老化，如果修理好就可以延长使用寿命，人为地延长垃圾排放的时间。因此，建设有修理功能的旧货市场就是必然的选择。此外，以低价买到旧的商品还可以帮助到很多贫困的家庭，大大缩小贫富差距。

（二）共享的 App

就如同滴滴、滴嗒等手机 App 一样，很多种物品都可以开发出社会成员共享的 App，这样做一方面可以节省资源，另一方面可以大量减少垃圾排放总量，减轻社会负担。

（三）增强家具的人文价值

对于那些有纪念意义的东西，人们总是倍加珍惜爱护，不忍心将其丢弃，因此，增强某些事物的人文价值、历史价值，可以有效地减少垃圾总量。

---

① 例如，"环境警察"发现某一处垃圾经常没有被严格分类投放，会给附近小区的物业管理员以及全体居民发放警告信。如果警告后仍未改善，公司就会毫不犹豫地提高这片居民区的垃圾清理费。收到警告后，物业与居民自管会将组织会议，逐一排查，找到"罪魁祸首"，要求其立即改善。即便不敢承认，犯错的居民也会为了不缴纳更高的清理费而乖乖地遵守分类规则。参见孙昊.德国垃圾管理法律制度对我国城市垃圾分类立法的启示[J].山西农经，2017，216（24）：35-36.

6.4.8 实行新的垃圾生态资源还原机制

徒法不足以自行，垃圾生态资源化需要一系列的变革手段和配套措施。国家需要在产业政策、资金扶持、消费引导等方面积极促进新的垃圾处理法律制度的实施。

（一）禁止填埋垃圾，斩断恶源

严格禁止往土地里填埋垃圾。不填埋，就是直接减少土地资源的占用。严格禁止用土地资源建设垃圾填埋场，就等于建设了绿水青山。从终端做起，倒逼垃圾分类、回收、资源化、循环使用。

（二）禁止混扔垃圾的不负责行为

进行垃圾分类知识教育，引导公民、企业进行严格的垃圾分类，把住将垃圾资源化的源头，保证有机垃圾还原自然、无机垃圾循环利用。形成家庭、小区、回收企业三层垃圾处理网络。有机垃圾不出小区，无机垃圾不跨城区，降低运输成本。

（三）生产者、消费者各尽其责

在生产时就需要采用生态循环原则进行产品设计，不得采用不能消解、可能对环境产生恶劣影响的原材料，制定全面回收循环利用的技术方案，报环境保护部门进行审查。

（四）鼓励建立无机垃圾拆解循环企业

由国家投资建立无机垃圾拆解企业，分类后实行还原处理，循环利用，高效收回工业原料。

（五）鼓励建立高科技毒垃圾处理企业

由国家投资建立高科技毒垃圾处理企业，分类后实行降解、排毒处理，无害循环利用，降低污染层级。

（六）鼓励建构有机垃圾资源化企业并给予优惠措施

由国家投资建立有机垃圾资源化处理企业，分类后实行有机还原处理，循环利用，减少有机污染。

（七）全民共建绿色家庭，享受绿色优惠

由国家提出绿色家庭标准，提高家庭在消除垃圾战斗中的积极作用，提供资源共享，提倡节俭生活模式，提供绿色消费观念。不可奢华，勤俭节约。政府给予绿色家庭税收优惠。

（八）鼓励建设清洁企业，税收返还

由国家提出绿色企业标准，提高企业在消除垃圾战斗中的积极作用，提供资源共享，提倡节俭生产模式，提供绿色经营理念。对于垃圾问题不可推脱，应及时解决。政府给予绿色企业税收优惠。

6.4.9 缜密的法律责任体系机制

法律责任是任何一部法律规范进行篇章结构设计的逻辑线索，包括法律责任的主体设置、法律责任的分配和法律责任的追究三大法律责任逻辑模型。针对固体垃圾立法来说，需要从固体垃圾责任主体设计与责任设定、主体的行为模式及程序设计、行为的监督与调控设计这三个层次来建构。《北京市生活垃圾管理条例》①共分第一章总则，第二章规划与建设，第三章减量与分类，第四章收集、运输与处理，第五章监督管理，第六章法律责任，第七章附则。这样的法律规范的篇章结构显然是按照垃圾的处理过程来设计的，而不是按照法律责任的逻辑线索设计的。

（一）生态环境主体责任机制

生态环境责任体系的主体是生态环境最为重要的主体因素。这个体系的任何缺欠、漏洞、偏差都可能对整体体系造成麻烦。因为整个环境体系是由这些主体责任分担、共同合作才能完成的。具体包括：国家、生产者、消费者、回收者。

1. 负责任的国家

国家所负的环境责任包括：制定环境生态政策，制定环境保护的法律规范体系、垃圾处理收费体系、回收利益分配体系，并为政策的执行和法律的执行提供执法队伍、执法资金支持。特别是收费体系和利益分配体系，要向垃圾回收企业、垃圾回收工人倾斜，使其有职业自豪感和成就感。

2. 负责任的生产者

生产者所负的环境责任是生产产品过程中就这一环节所产生的固体垃圾、污水、噪声等负责消除、回收、转化和处理。

---

① 《北京市生活垃圾管理条例》由北京市第十三届人民代表大会常务委员会第28次会议于2011年11月18日通过，自2012年3月1日起施行。

3. 负责任的消费者

消费者所负的环境责任是在消费环节消费者作为产品的终端消费者，对使用之后所产生的垃圾有进行清洁、整理、分类、回放的责任。

4. 负责任的回收者

回收者的责任指的是专业的回收公司所承担的环境责任，包括分类、清洁、整理、处理、运输、销售责任。

（二）固体垃圾责任的行为方式

违反垃圾处理的法律规定，将承担严重的法律责任。依据法律的规定，违法主体单独或者全部承担以下几种形式的环境责任：

1. 制定政策和法律

国家履行生态责任的方式有三个方面：第一，由立法机关制定统一的法律规范；第二，由执法机关进行执法监督；第三，由政府统筹制定适合当地固体废物处理的产业发展政策。

2. 清洁分类投放

清洁是固体垃圾排放减量、增值、分类、回收的基础。在以往的垃圾分类中由于缺少这一环节，往往造成垃圾的价值下降，同时也给分类和回收带来麻烦。

固体垃圾分类是垃圾处理、回收和资源利用的原则，整个固体垃圾的处理过程都是在垃圾分类的前提下进行的。

投放环节是垃圾清洁、分类的结束，也是垃圾回收、处理、利用的开始，这个中间环节将固体垃圾的制造者和垃圾的清理和回收都联系在一起。

3. 技术处理

固体垃圾技术处理是一个重要的技术环节，各专业垃圾处理厂商利用发酵、分解、热解、再利用等方式进行无害化、减量化和资源化处理。

4. 监督与管理

固体垃圾的监督与管理是针对所有责任主体和主体的所有垃圾相关行为的监督，对于违反垃圾分类的行为进行处罚。

（三）责任种类机制

违反垃圾处理的法律规定，将承担严重的法律责任。依据法律的规定，违法主体单独或者全部承担如下几种形式的环境责任：

1. 道德责任

道德责任是所有违法行为都要承担的责任形式。只有在道德层面承担责任才能保证以后不再违法。因此，责令违法者承担道德责任，在一定范围内作出检查，同时承担一定时间的环境清理、树木种植、垃圾回收等公益性工作。

2. 民事责任

民事责任是违法者在民事上所要承担的责任形式。包括：（1）停止在非指定的场所倾倒垃圾；（2）清理错误倾倒和违法倾倒的垃圾；（3）消除垃圾中的潜在危险、消除垃圾可能造成的隐患危险；（4）恢复生态环境原状，侵权人要将破坏的生态环境恢复成原貌；（5）赔偿生态环境损失，侵权人对造成的损失进行经济赔偿；（6）支付违约金，侵权人赔偿违约对生态环境造成的经济损失。

3. 行政责任

行政处罚种类是指行政处罚的外在具体表现形式。对违反法律规定的行为可以采用如下几种处罚手段：（1）警告、责令具结悔过、通报批评等；（2）罚款；（3）没收违法所得、没收非法财物；（4）责令停产停业；（5）暂扣或者吊销许可证、暂扣或者吊销执照；（6）行政拘留；（7）责令停产停业吊销许可证、执照等。

4. 刑事责任

刑事责任指对破坏生态环境达到犯罪程度的被告人所采取的拘役、有期徒刑、无期徒刑甚至死刑（见图6-13）。

固体垃圾责任主体	主体与行为对应关系	固体垃圾责任	主体行为与责任构成对应关系	固体垃圾责任构成
国家政府		制定法律政策		道德责任
生产者		清洁分类投放		民事责任
消费者		垃圾技术处理		行政责任
回收者		举报接受处罚		刑事责任

图 6-13 固体垃圾责任主体、行为、法律责任对应关系

6.4.10 推荐固体垃圾处理技术清单机制

由环境管理部门每年更新固体垃圾先进处理技术清单，保障最先进的技术能够运用于固体废物处理的实践，同时避免陈旧、淘汰的技术长期使用，进一步危害生态环境。前者叫推荐指导性清单，后者为强制禁止性清单。

（一）推荐指导性清单

政府对垃圾处理中涉及的专业技术，根据技术结果进行评比，作为推荐给固体垃圾处理企业，由企业按照自己的经营情况采用。特别强调的是，这一清单是指导性的，不是强制性的，由企业自由选择（见表6-6）。

表6-6　固体垃圾推荐技术清单

1	处理垃圾类型	技术状况	推荐企业	联络方式
2	有机固体垃圾	*************	*************	*************
3	无机固体垃圾	*************	*************	*************
4	有毒固体垃圾	*************	*************	*************
5	建筑类垃圾	*************	*************	*************

（二）强制禁止性清单

对于垃圾处理中涉及的淘汰的技术、引起严重后果的处理方式，政府要统一列入禁止性清单，明确规定淘汰年限。清单中涉及的企业需要在规定的年限内及时完成技术淘汰任务（见表6-7）。

表6-7　固体垃圾推荐淘汰技术清单

1	处理垃圾类型	技术状况	使用企业	淘汰年限
2	有机固体垃圾	*************	*************	*************
3	无机固体垃圾	*************	*************	*************
4	有毒固体垃圾	*************	*************	*************
5	建筑类垃圾	*************	*************	*************

（三）历时性更新清单

推荐指导清单和禁止淘汰清单每年需要更新，由政府将最新的技术信息收集起来，定期公开发布，提供给固体废物处理企业，供企业更新设备、提升技术之用。

6.4.11 固体垃圾的全面监管机制

国家环境保护部门就垃圾回收的总量、质量、渠道对生产企业进行深度、动态的监管和分析，对问题企业进行辅导、监督、检查。

（一）黑名单制

将垃圾处理中屡次违法的当事人列入黑名单，限制企业经营行为、贷款行为、投资行为、消费行为；限制公民的消费行为、旅行行为、获奖行为。

（二）深度监管

监管的范围是所有的垃圾，有机的、无机的、有毒的生活垃圾、工业垃圾、医用垃圾。对垃圾的监管要深入每一个细节，而且要深入每一项垃圾的终端处理。监管采用智能垃圾分类监管平台。

（三）大数据保证最科学的监管

用现代高新技术手段对垃圾处理进行全方位、全时段、全过程、全部成员监管。包括卫星监测、导航技术监管垃圾处理的整个过程，监督企业和个人是否按照法律规定去做、其行为是否符合法律的规定，对违法的做法及时纠正处理。

6.4.12 固体垃圾的教育培训机制

由于这一项法律制度涉及每一个人、每一个公司、每一级政府，要求我们每一天、做每一件事都要勤奋、认真、有耐心。而这是一个优秀的民族所必须有的基本素质。

（一）抓好教育和培训

必须把这部法律的实施纳入国民教育体系，在中小学的教材里用专门的篇幅来讲授垃圾分类的知识，从小培养勤劳、洁净的卫生习惯。同时，在全社会涉及垃圾相关的各类大中专院校和企业、事业单位中，有责任对相关知识进行专业培训和指导。这一点是由国家义务教育责任和生态环境责任决定的。

（二）国家资金投入

在国家运用公权力进行垃圾分类教育的同时，国家亦有责任对所需资金负责提供保障，所需费用由各级政府在财政预算中列支。

参 考 文 献

中文专著

[1] 习近平. 习近平谈治国理政（第一卷）[M]. 北京：外文出版社，2014.

[2] 习近平. 习近平谈治国理政（第二卷）[M]. 北京：外文出版社，2017.

[3] 习近平. 习近平谈治国理政（第三卷）[M]. 北京：外文出版社，2020.

[4] 中共中央马克思恩格斯列宁斯大林著作编译局. 马克思恩格斯选集（1—4卷）[M]. 北京：人民出版社，1995.

[5] 毛泽东. 毛泽东选集（1—4卷）[M]. 北京：人民出版社，1991.

[6] 邓小平. 邓小平文选（1—3卷）[M]. 北京：人民出版社，1993.

[7] 罗国杰. 罗国杰自选集[M]. 北京：学习出版社，2003.

[8] 罗国杰，宋希仁，焦国成. 中国传统道德（规范卷）[M]. 北京：中国人民大学出版社，1996.

[9] 焦国成. 中国伦理学通论（上册）[M]. 太原：山西教育出版社，1997.

[10] 姚新中，焦国成. 中西方人生哲学比论[M]. 北京：中国人民大学出版社，2001.

[11] 万俊人. 现代西方伦理学史[M]. 北京：北京大学出版社，1992.

[12] 曹刚. 法律的道德批判[M]. 南昌：江西人民出版社，2001.

外文译著

[1] 米尔恩. 人的权利与人的多样性：人权哲学[M]. 夏勇，张志铭，译. 北京：中国大百科全书出版社，1995.

[2] 中共中央马克思恩格斯列宁斯大林著作编译局. 马克思恩格斯全集[M]. 北京：

人民出版社，2003.

[3] 马国泉. 行政道德文选 [M]. 上海：复旦大学出版社，2003.

[4] 尼科洛·马基亚维里. 君主论 [M]. 潘汉典，译. 上海：上海三联出版社，
2008.

[5] 休谟. 人性论（下册）[M]. 关文运，译. 北京：商务印书馆，1980.

[6] 威廉·葛德文. 政治正义论（第一卷）[M]. 何慕李，译. 北京：商务印书馆，
1997.

[7] 摩尔. 伦理学原理 [M]. 长河，译. 北京：商务印书馆，1983.

[8] 边沁. 立法理论 [M]. 李贵方，等译. 北京：中国人民公安大学出版社，2004.

[9] 彼德斯坦，约翰香德. 西方社会的法律价值 [M]. 王献平，译. 北京：中国人
民公安大学出版社，1990.

[10] 弗里德里希·奥古斯特·冯·哈耶克. 通往奴役之路 [M]. 王明毅，冯兴元，
等译. 北京：中国社会科学出版社，1997.

中文期刊

[1] 罗国杰. 新时期思想道德建设的问题与对策 [J]. 中国人民大学学报，2000，
14（5）：1-5.

[2] 焦国成. 论作为治国方略的德治 [J]. 中国人民大学学报，2001（4）：1-7.

[3] 曹刚. 法伦理学如何可能：法伦理学的属性、使命和方法 [J]. 求索，2004（5）：
128-131.

[4] 曹刚. 伦理学的新维度：道德困境中的三类道德难题 [J]. 哲学动态，2008（11）：
61-65.

[5] 曾建平，代峰. 气候伦理是否可能 [J]. 中国人民大学学报，2011，25（3）：
90-96.

[6] 齐琳. 气候伦理引导气候谈判的可行性及原则 [J]. 国际论坛，2017，19（1）：
7-13，79.

[7] 唐代兴. 气候伦理研究的依据与视野：根治灾疫之难的全球伦理行动方案 [J].
自然辩证法研究，2013，29（4）：78-83.

[8] 陈俊. 论气候伦理中的个人权利 [J]. 江西社会科学，2013，33（4）：180-

184.

[9] 李猛 . 共同体、正义与自然："人与自然是生命共同体"与"人类命运共同体"生态向度的哲学阐释 [J]. 厦门大学学报（哲学社会科学版），2018（5）：9-15.

[10] 钱厚诚，韩晓阳 . 生态文明建设、人类命运共同体意识与文明自觉 [J]. 理论视野，2017（10）：25-28.

[11] 潘岳 . 以生态文明推动构建人类命运共同体 [J]. 人民论坛，2018（30）：16-17.

[12] 付清松，李丽 . 生态文明和人类命运共同体的时代相遇与交互式建构 [J]. 探索，2019（4）：5-12.

[13] 金瑶梅 . 构建生态向度的人类命运共同体 [J]. 毛泽东邓小平理论研究，2020（2）：36-38.

[14] 张青兰，张建华 . 人类命运共同体构建的生态价值逻辑与样态探索 [J]. 广东社会科学，2020（4）：51-58.

[15] 陈红，孙雯 . 人类命运共同体：新时代中国特色社会主义生态文明的核心旨趣 [J]. 思想政治教育研究，2020，36（2）：78-82.

[16] 马倩如 . 人类命运共同体视域下的生态世界观及审美 [J]. 重庆社会科学，2019（6）：119-126.

[17] 李安增，王宁，王常权，等 . 大数据技术在环境信息中的应用 [J]. 计算机系统应用，2015，24（1）：60-64.

[18] 张达敏 . 大数据技术在环境信息中的应用 [J]. 低碳世界，2019，9（3）：25-26.

[19] 吴新祥，范英杰 . 大数据时代下企业环境信息披露的发展趋势研究 [J]. 财政监督，2016（5）：93-95.

[20] 方印，张海荣 . 大数据视野下公众环境信息监督权的规范构造 [J]. 贵州大学学报（社会科学版），2019，37（3）：68-78.

[21] 方印 . 大数据视野下公众环境信息享益权探究 [J]. 暨南学报（哲学社会科学版），2019，41（8）：39-54.

[22] 邓可祝 . 大数据条件下环境规制的变革：环境信息规制功能的视角 [J]. 中

国环境管理，2019，11（5）：100-106.

[23] 武丽，洪林.构建阜阳市环境信息大数据平台的设想 [J].安徽水利水电职业技术学院学报，2016，16（4）：20-22.

[24] 邓舒迟，廖阳春.环境信息采集大数据统一控制平台设计研究 [J].环境科学与管理，2019，44（2）：20-23，38.

[25] 李春艳.基于大数据的环境信息共享机制探讨 [J].中国战略新兴产业，2017（20）：98.

[26] 倪光炯.21 世纪人类面临的气候危机 [J].科学：上海，2007，59（3）：18-21.

[27] 于宏源.疫情和气候危机下的清洁能源之路：评《清洁能源外交：全球态势与中国路径》[J].能源，2020，135（4）：97-98.

[28] 康玲，祝铠.日本、德国垃圾分类管理经验对我国的启示 [J].中国环境管理干部学院学报，2019，29（6）：64-68.

[29] 薛立强.居民参与生活垃圾分类的经验及启示：以日本、德国为例 [J].上海城市管理，2019，28（6）：52-58.

[30] 孙佑海.从反思到重塑：国家治理现代化视域下的生态文明法律体系 [J].中州学刊，2019（12）：54-61.